工业和信息化精品系列教材

传感网应用开发

微课版

易勋 唐辉 ◉ 主编

魏美琴 陈又圣 赵志力 吴焕祥 ◉ 副主编

APPLICATION DEVELOPMENT OF SENSOR NETWORK

人民邮电出版社

北京

图书在版编目（CIP）数据

传感网应用开发：微课版 / 易勋，唐辉主编. --
北京：人民邮电出版社，2023.7
工业和信息化精品系列教材
ISBN 978-7-115-61247-2

Ⅰ. ①传… Ⅱ. ①易… ②唐… Ⅲ. ①传感器—教材
Ⅳ. ①TP212

中国国家版本馆CIP数据核字(2023)第035007号

内 容 提 要

本书参考"传感网应用开发"1+X职业技能等级考试中级和高级的考核内容，将所涉及的知识点设计成项目案例，由浅入深、全面系统地讲解传感网的应用与开发。全书共7个项目，包括智能安防系统、生产线环境监测系统、仓储环境监测系统、Z-Stack 协议栈组网开发、Wi-Fi 数据通信、Wi-Fi 转发器和矿井安防检测。

本书既可以作为物联网相关专业的教材，也可以作为广大物联网爱好者自学传感网的教材，还可以作为传感网开发者的参考用书及相关机构的培训教材。

◆ 主　　编　易　勋　唐　辉
　　副 主 编　魏美琴　陈又圣　赵志力　吴焕祥
　　责任编辑　鹿　征
　　责任印制　王　郁　焦志炜

◆ 人民邮电出版社出版发行　　北京市丰台区成寿寺路 11 号
　　邮编　100164　　电子邮件　315@ptpress.com.cn
　　网址　https://www.ptpress.com.cn
　　北京天宇星印刷厂印刷

◆ 开本：787×1092　1/16
　　印张：15.75　　　　　　　　2023 年 7 月第 1 版
　　字数：397 千字　　　　　　 2023 年 7 月北京第 1 次印刷

定价：59.80 元

读者服务热线：(010)81055256　印装质量热线：(010)81055316
反盗版热线：(010)81055315
广告经营许可证：京东市监广登字 20170147 号

前　言

2019 年《国家职业教育改革实施方案》（简称"职教 20 条"）对职业教育的定位非常明确：职业教育与普通教育是两种不同类型的教育，具有同等重要的地位。"职教 20 条"重点关注并研究解决职业教育在教师、教材、教法中存在的问题，具有重要的实践意义和理论价值。同年，教育部、国家发展改革委、财政部、市场监管总局联合印发了《关于在院校实施"学历证书+若干职业技能等级证书"制度试点方案》，部署并启动"学历证书+若干职业技能等级证书"（简称 1+X 证书）制度试点工作。同年 10 月教育部和财政部公示了"中国特色高水平高职学校和专业建设计划"（简称"双高计划"）拟建单位名单，深圳信息职业技术学院为第一类建设单位（B 档）。

近两年，学院派遣专业教师直接参加物联网专业省级、市级技能竞赛，用"工匠精神"培养专业教师并带领学生参赛，均取得了不俗的成绩；学院还派遣专业教师参加并考取了"传感网应用开发"1+X 中级和高级师资培训证书，专业教师言传身教，带领学生考取 1+X 证书；学院支持专业教师出版多本物联网专业方向的立体化教材，践行"三教改革"，试点 1+X 书证融通，将 1+X 证书考取与专业课及实训课有机结合。

本书积极贯彻落实党的二十大精神，注重对读者科学素养、职业素质的培养，结合生产线环境监测（工业互联网）、Z-Stack 协议栈组网（自主可控）等专业学习内容，以典型、生动的案例讲述工业强国、网络安全等相关技术技能知识，以实训项目化案例的形式，面向高职高专、职业本科以及应用型本科物联网相关专业学生，开展"传感网应用开发"1+X 职业技能等级考试中级和高级的教学培训。本书主要项目包括智能安防系统、生产线环境监测系统、仓储环境监测系统、Z-Stack 协议栈组网开发、Wi-Fi 数据通信、Wi-Fi 转发器、矿井安防检测，覆盖"传感网应用开发"1+X 职业技能等级考试中级和高级的重要知识点。本书将知识点和能力要求按高职专科、高职本科以及应用型本科进行细分（适合本科层次的内容标记※加以区分）。同时，本书配有微课视频，读者可在学习过程中扫描二维码观看；同时，本书配有电子课件、案例代码等教学资源，读者可在人邮教育社区（https://www.ryjiaoyu.com）网站注册、登录后下载。

本书由深圳信息职业技术学院和北京新大陆时代教育科技有限公司组编。由于编者水平有限，书中难免有不妥之处，恩请读者批评指正。

编者
2023 年 4 月

目 录

项目 3

仓储环境监测系统 ⋯⋯⋯⋯ 80

项目1
智能安防系统

01

【**学习目标**】

1. 知识目标

（1）学习 RS-485 的基本概念。

（2）学习 Modbus 串行通信协议的原理。

（3）学习基于 RS-485 的智能安防系统的搭建方法。

2. 技能目标

（1）掌握基于 RS-485 的传感网应用开发的技能。

（2）具备基于 Modbus 串行通信协议软件的开发能力。

（3）掌握搭建、使用 RS-485 网络及编程实现组网通信的方法。

3. 素养目标

培养工业互联网场景下的工匠精神。

【**项目概述**】

　　在人们的生活中，有时会发生火灾等意外情况。传统的安防系统对于人的依赖性较强，在耗费人力的同时，也耗费了更多的时间和成本，而且处理的结果有时还不容乐观。随着技术的发展，产生了智能安防系统。它在维护设备稳定和安全方面发挥了重要的作用，被广泛应用在智能仓储、智能家居、智能交通、公共安全、环境保护、个人健康和食品溯源等领域，给人们的生活提供更好的服务。本项目将介绍基于 RS-485 的智能安防系统的搭建。

【**知识准备**】

1.1 应用场景介绍

　　传统的安防系统对人的依赖性较强，很难做到对环境进行实时监控，往往会延误最佳报警求助时间，从而造成损失。RS-485 具有良好的抗干扰性、多站传输距离远、部署简单、性价比高等优点，适合应用于智能安防系统。本项目的目标是监测空气质量数据和可燃气体数据，通过建立一个 RS-485 网络，实现多个节点之间数据的双向收发功能。

1.2 总线概述

1-1 微课

总线概述

20 世纪 80 年代，随着微处理器及相关技术的不断发展，数据传送环节成为分布式控制系统（Distributed Control System，DCS）发展的瓶颈。而现场总线控制系统（Fieldbus Control System，FCS）的出现，开启了工业自动化控制系统的新时代。

总线早期指的是汇聚在一起的具有多种功能的线路，后面多指计算机内部各模块之间或计算机之间的一种通信系统，包括硬件（器件、线缆、电平）和软件（通信协议）。它是"从控制室连接到现场设备的双向串行数字通信总线"，是应用在制造或过程区域现场装置与控制室内自动控制装置之间的数字式、串行、多点通信的数据总线。它也被称为开放式、数字化、多点通信的底层控制网络。

当总线被引入嵌入式系统领域后，它主要用于嵌入式系统的芯片级、板级和设备级的互连。

总线有多种分类方式。一是按照传输速率分类，可分为低速总线和高速总线；二是按照连接类型分类，可分为系统总线、外设总线和扩展总线；三是按照传输方式分类，可分为并行总线和串行总线。

1.3 串行通信

1.3.1 串行通信介绍

RS-485 是一种串行通信标准。"串行通信"是指外设和计算机之间，通过数据信号线、地线与控制线等，按位进行数据传输的一种通信方式。RS-485 是目前常见的串行通信标准之一，此外还有 RS-232、RS-422 等。另外，串行外设接口（Serial Peripheral Interface，SPI）、内置集成电路（Inter-Integrated Circuit，I^2C）和控制器局域网（Controller Area Network，CAN）通信也属于串行通信。

1.3.2 常见的电平信号及其电气特性

目前常见的电平信号有逻辑门电路（Transistor-Transistor Logic，TTL）电平、互补金属氧化物半导体（Complementary Metal Oxide Semiconductor，CMOS）电平、RS-232 电平、通用串行总线（Universal Serial Bus，USB）电平等。由于它们对逻辑 1 和逻辑 0 的表示标准有所不同，因此在不同器件之间进行通信时，要特别注意电平信号的电气特性。表 1-1 所示为常见的电平信号及其电气特性。

表 1-1　常见的电平信号及其电气特性

电平信号名称	输入		输出		说明
	逻辑 1	逻辑 0	逻辑 1	逻辑 0	
TTL 电平	≥2.0V	≤0.8V	≥2.4V	≤0.4V	噪声容限较低，约为 0.4V。MCU 芯片引脚都是 TTL 电平

续表

电平信号名称	输入		输出		说明
	逻辑 1	逻辑 0	逻辑 1	逻辑 0	
CMOS 电平	$\geq 0.7\,V_{cc}$	$\leq 0.3\,V_{cc}$	$\geq 0.8\,V_{cc}$	$\leq 0.1\,V_{cc}$	噪声容限高于 TTL 电平，V_{cc} 为供电电压，一般为 5V，可高达 12V
RS-232 电平	$-15\sim-3V$		$+3\sim+15V$		PC 的 COM 口为 RS-232 电平
USB 电平	$(V_{D+}-V_{D-})\geq 200mV$		$(V_{D-}-V_{D+})\geq 200mV$		采用差分电平，4 线制：V_{cc}、GND、D+ 和 D-

RS-232 电平与 TTL 电平的逻辑表示对比如图 1-1 所示。

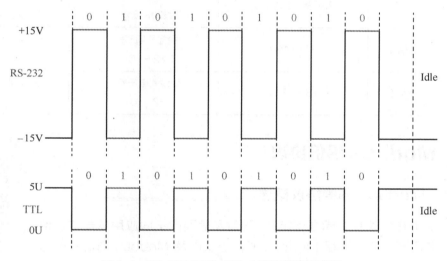

图 1-1　RS-232 电平与 TTL 电平的逻辑表示对比

1.4　RS-232/RS-422/RS-485 通信标准

美国电子工业协会（Electronic Industries Association，EIA）制定并发布了 RS-232、RS-422 和 RS-485 通信标准。其中 RS-232 标准是一种异步传输接口标准，它的缺点是通信距离短、速率低，而且只能点对点通信，无法组建多机通信系统。另外，在工业控制环境中，基于 RS-232 标准的通信系统经常会由于外界的电气干扰而导致信号传输错误，以致 RS-232 标准无法适用于工业控制现场总线。

随后衍生出了 RS-422 标准，它弥补了 RS-232 标准的缺点，并且定义了一种平衡通信接口，改变了 RS-232 标准的点对点通信方式，总线上使用差分电压进行信号的传输。这种传输方式将传输速率提高到 10Mbit/s，并将传输距离延长到 1000 多米（速率低于 100kbit/s 时），而且允许在一条平衡总线上最多连接 10 个接收器。

再后来发展出了 RS-485 标准，它与 RS-422 标准相比，增加了多点、双向的通信能力，在一条平衡总线上最多可连接 32 个接收器。

下面对 RS-232、RS-422 与 RS-485 标准进行比较，比较结果如表 1-2 所示。

表 1-2　RS-232、RS-422 与 RS-485 标准的比较结果

标准		RS-232	RS-422	RS-485
工作方式		单端（非平衡）	差分（平衡）	差分（平衡）
节点数		1 发 1 收（点对点）	1 发 10 收	1 发 32 收
最大传输电缆长度		15m	1219m	1219m
最大传输速率		20kbit/s	10Mbit/s	10Mbit/s
连接方式		点对点（全双工）	一点对多点 （四线制，全双工）	多点对多点 （两线制，半双工）
电气特性	逻辑 1	-3～-15V	两线间电压差： +2～+6V	两线间电压差： +2～+6V
	逻辑 0	+3～+15V	两线间电压差： -2～-6V	两线间电压差： -2～-6V

1.5　Modbus 通信协议

1-2　微课

Modbus 通信协议

1.5.1　Modbus 通信协议概述

Modbus 通信协议具有标准化定义，同时涵盖面向不同应用场景的各种版本。本小节主要介绍什么是 Modbus 通信协议以及 Modbus 通信协议的版本。

1. 什么是 Modbus 通信协议

Modbus 通信协议是一种串行通信协议，由莫迪康公司（现为施耐德电气公司的一个品牌）在 1979 年开发，是全球第一个真正用于工业现场的总线协议。

Modbus 通信协议广泛应用于电子控制器上，并作为通用工业标准。通过此协议，控制器之间或者控制器经由网络（例如以太网）与其他设备之间可以通信。Modbus 通信协议使不同厂商生产的控制设备可以连成工业网络，进行集中监控。Modbus 通信协议定义了一个消息帧结构，并描述了控制器请求访问其他设备的过程、控制器如何响应来自其他设备的请求，以及控制器怎样侦测错误并记录。

在 Modbus 网络上通信时，每个控制器必须要知道它们的设备地址，识别从地址发来的消息，决定要做何种动作。如果需要响应，控制器将按 Modbus 消息帧格式生成反馈信息并发出。

2. Modbus 通信协议的版本

Modbus 通信协议有基于串行链路的版本、基于 TCP/IP 的网络版本，以及基于其他互联网协议的网络版本，其中前面两个版本的实际应用场景较多。

基于串行链路的版本有两种传输模式，即 Modbus RTU 和 Modbus ASCII，它们在数值数据表示和协议细节方面有些许不同。如 Modbus RTU 是一种紧凑的、采用二进制数据表示的模式，而 Modbus ASCII 的表示方式则更加冗长。在数据校验方面，Modbus RTU 采用循环冗余校验方式，而 Modbus ASCII 采用纵向冗余校验方式。另外，配置为 Modbus RTU 模式的节点无法与配置为 Modbus ASCII 模式的节点通信。

1.5.2 Modbus 通信的请求与响应

Modbus 是一种单主/多从的通信协议，即在同一时间里，总线上只能有一个主机，但可以有一个或多个（最多 247 个）从机。主机是发起通信的设备，而从机是接收请求并做出响应的设备。在 Modbus 网络中，通信总由主机发起，而当从机没有收到来自主机的请求时，不会主动发送数据。Modbus 通信的请求与响应模型如图 1-2 所示。

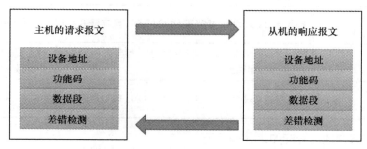

图 1-2　Modbus 通信的请求与响应模型

主机发送的请求报文包括设备地址、功能码、数据段及差错检测字段。这几个字段的内容与作用介绍如下。

（1）设备地址：被选中的从机地址。

（2）功能码：告知被选中的从机要执行何种功能。

（3）数据段：包含从机所要执行功能的附加信息。如功能码"03"要求从机读保持寄存器并响应保持寄存器的内容，则数据段必须包含要求从机读取保持寄存器的起始地址及数量。

（4）差错检测：为从机提供一种数据校验方法，以保证信息内容的完整性。

从机的响应报文也包含设备地址、功能码、数据段和差错检测字段。其中设备地址为本机地址，数据段则包含从机采集的数据，如寄存器值或状态。正常响应时，响应功能码与请求报文中的功能码相同；发生异常时，功能码将被修改以指出响应报文是错误的。差错检测允许主机确认信息内容是否可用。

在 Modbus 网络中，主机向从机发送 Modbus 请求报文的模式有两种：单播模式与广播模式。

（1）单播模式：主机寻址单个从机。主机向某个从机发送请求报文，从机接收并处理完毕后向主机返回一个响应报文。

（2）广播模式：主机向 Modbus 网络中的所有从机发送请求报文，从机接收并处理完毕后不要求返回响应报文。广播模式请求报文的设备地址为 0，且该报文的 Modbus 功能码为写操作。

1.5.3　Modbus 寄存器

Modbus 寄存器是 Modbus 通信协议的一个重要组成部分，它用于存放数据。

Modbus 寄存器最初借鉴于可编程逻辑控制器（Programmable Logical Controller，PLC），后来随着 Modbus 通信协议的发展，寄存器这个概念也不再局限于具体的物理寄存器，而是慢慢拓展到了内存区域范畴。根据所存放数据的类型及其读写特性的不同，Modbus 寄存器被分为 4 种类型，如表 1-3 所示。

表 1-3　Modbus 寄存器的分类

寄存器类型	特性说明	实际应用
线圈状态（Coil）	输出端口（可读可写），相当于 PLC 的 DO（数字量输出）	LED 显示、电磁阀输出等
离散输入状态（Discrete Input）	输入端口（只读），相当于 PLC 的 DI（数字量输入）	接近开关、拨码开关等
保持寄存器（Holding Register）	输出参数或保持参数（可读可写），相当于 PLC 的 AO（模拟量输出）	模拟量输出设定值、PID 运行参数、传感器报警阈值等
输入寄存器（Input Register）	输入参数（只读），相当于 PLC 的 AI（模拟量输入）	模拟量输入值

Modbus 寄存器的地址分配如表 1-4 所示。

表 1-4　Modbus 寄存器的地址分配

寄存器类型	寄存器 PLC 地址	寄存器 Modbus 协议地址	位/字操作
线圈状态	00001～09999	0000H～FFFFH	位操作
离散输入状态	10001～19999	0000H～FFFFH	位操作
保持寄存器	40001～49999	0000H～FFFFH	字操作
输入寄存器	30001～39999	0000H～FFFFH	字操作

1.5.4　Modbus 的串行消息帧格式

在计算机网络通信中，帧（Frame）是数据在网络上传输的一种单位，一般由多个部分组合而成，各部分执行不同的功能。Modbus 通信协议在不同的物理链路上的消息帧是有差异的。本项目主要介绍串行链路 Modbus RTU 模式的消息帧格式。

1. Modbus RTU 模式的消息帧格式

在 Modbus RTU 模式中，消息的发送与接收以至少 3.5 字符时间的停顿间隔为标志。

Modbus 网络上的各设备都不断地侦测网络总线，计算字符间的间隔时间，判断消息帧的起始点。当侦测到地址域时，各设备都对其进行解码以判断该帧数据是否是发给自己的。

另外，一帧数据必须以连续的字符流来传输。如果在消息帧传输完成之前有超过 1.5 字符时间的间隔，则接收设备将认为该消息帧不完整。

典型的 Modbus RTU 模式的消息帧格式如表 1-5 所示。

表 1-5　典型的 Modbus RTU 模式的消息帧格式

起始位	地址	功能码	数据	CRC 校验	结束符
≥3.5 字符	8 位	8 位	n 个 8 位	16 位	≥3.5 字符

2. 消息帧各组成部分的功能

地址域。地址域存放了 Modbus 消息帧中的从机地址。Modbus RTU 模式的消息帧的地址域长度为 1 个字节。在 Modbus 网络中，主机没有地址，每个从机都具备唯一的地址。从机的地址范围为 0～247，其中地址 0 作为广播地址，因此从机实际的地址范围是 1～247。

在下行帧中，地址域表明只有符合地址码的从机才能接收由主机发送来的消息。上行帧中的地址域指明了该消息帧发自哪个设备。

功能码域。功能码指明了消息帧的功能，其取值范围为 1～255（十进制）。在下行帧中，功能码告诉从机应执行什么动作。在上行帧中，如果从机发送的功能码与主机发送的功能码相同，则表明从机已响应主机要求的操作；如果从机没有响应操作或发送出错，则将返回的消息帧中的功能码最高有效位（Most Significant Bit，MSB）置为 1（即加上 0x80）。例如，主机要求从机读一组保持寄存器时，消息帧中的功能码为 0000 0011（0x03），从机正确执行请求的动作后，返回相同的值；否则，从机将返回异常响应报文，其功能码将变为 1000 0011（0x83）。

数据域。数据域与功能码紧密相关，用于存放功能码需要操作的具体数据。数据域以字节为单位，长度是可变的。

循环冗余校验（Cyclic Redundancy Check，CRC）。在基于串行链路的 Modbus 通信中，RTU 模式的消息帧的 CRC 字段由 16 位（共 2 个字节）构成，其值是通过对全部报文内容进行循环冗余校验计算得到的，计算对象包括差错校验域之前的所有字节。将 CRC 码添加进消息帧时，先添加低字节，然后添加高字节，因此，最后一个字节是 CRC 校验码的高字节。

1.5.5　Modbus 功能码

Modbus 功能码具有严密的逻辑体系，在通信应用开发中发挥着重要的作用。本小节首先介绍 Modbus 功能码基本分类，然后详细介绍读写单个和多个线圈，以及保持寄存器的具体功能码值。

1. Modbus 功能码分类

Modbus 功能码是 Modbus 消息帧的一部分，它代表将要执行的动作。以 RTU 模式为例，RTU 模式的消息帧的 Modbus 功能码占用一个字节，取值范围为 1～127。

Modbus 标准规定了 3 类 Modbus 功能码：公共功能码、用户自定义功能码和保留功能码。

Modbus 协会明确定义了公共功能码，具有唯一性。部分常用的公共功能码如表 1-6 所示。

表 1-6　部分常用的公共功能码

功能码	功能码名称	位/字操作	操作数量
01	读线圈状态值	位操作	单个或多个

续表

功能码	功能码名称	位/字操作	操作数量
02	读离散输入状态值	位操作	单个或多个
03	读保持寄存器值	字操作	单个或多个
04	读输入寄存器值	字操作	单个或多个
05	写单个线圈值	位操作	单个
06	写单个保持寄存器值	字操作	单个
15	写多个线圈值	位操作	多个
16	写多个保持寄存器值	字操作	多个

用户自定义功能码由用户自己定义，无法确保其唯一性，其范围为 65~72 和 100~110。本项目讨论 RTU 模式的公共功能码。

保留功能码是某些公司在传统产品上现行使用的功能码不作为公共使用。

2. 读线圈状态值功能码 01

该功能码用于读取从机的线圈或离散量（Digital Output，DO）的输出状态（ON/OFF）。

该功能码的请求报文：06 01 00 16 00 21 1C 61，如表 1-7 所示。

表 1-7　功能码 01 的请求报文

从机地址	功能码	起始地址	寄存器个数	CRC 校验
06	01	00 16	00 21	1C 61

从表 1-7 中可以看到，从机地址为 06，需要读取的 Modbus 起始地址为 22（0x16），结束地址为 54（0x36），共读取 33（0x21）个状态值。

地址 22~54 的线圈寄存器的值如表 1-8 所示，状态"ON"与"OFF"分别代表线圈的"开"与"关"。

表 1-8　地址 22~54 的线圈寄存器的值

地址范围	取值	字节值
22~29	ON-ON-OFF-OFF-OFF-ON-OFF-OFF	0x23
30~37	ON-ON-OFF-ON-OFF-OFF-OFF-ON	0x8B
38~45	OFF-OFF-ON-OFF-OFF-ON-OFF-OFF	0x24
46~53	OFF-OFF-ON-OFF-OFF-OFF-ON-ON	0xC4
54	ON	0x01

该功能码的响应报文：06 01 05 23 8B 24 C4 01 ED 9C，如表 1-9 所示。

表 1-9　功能码 01 的响应报文

从机地址	功能码	数据域字节数	5 个数据	CRC 校验
06	01	05	23 8B 24 C4 01	ED 9C

3. 读离散输入状态值功能码 02

该功能码用于读取从机的离散量（Digital Input，DI）的输入状态（ON/OFF）。

该功能码的请求报文：04 02 00 77 00 1E 48 4D，如表 1-10 所示。

表 1-10　功能码 02 的请求报文

从机地址	功能码	起始地址	寄存器个数	CRC 校验
04	02	00 77	00 1E	48 4D

从表 1-10 中可以看到，从机地址为 04，需要读取的 Modbus 起始地址为 119（0x77），结束地址为 148（0x94），共读取 30（0x1E）个离散量输入状态。

地址 119～148 的线圈寄存器的值如表 1-11 所示。

表 1-11　地址 119～148 的离散量寄存器的值

地址范围	取值	字节值
119～126	ON-OFF-ON-ON-OFF-ON-OFF-ON	0xAD
127～134	ON-ON-ON-OFF-ON-ON-OFF-ON	0xB7
135～142	ON-OFF-ON-OFF-OFF-OFF-OFF-OFF	0x05
143～148	OFF-OFF-OFF-ON-ON-ON	0x38

该功能码的响应报文：04 02 04 AD B7 05 38 3C EA，如表 1-12 所示。

表 1-12　功能码 02 的响应报文

从机地址	功能码	数据域字节数	4 个数据	CRC 校验
04	02	04	AD B7 05 38	3C EA

4. 读保持寄存器值功能码 03

该功能码用于读取从机保持寄存器的二进制数据，不支持广播，请求报文：06 03 00 D2 00 04 E5 87，如表 1-13 所示。

表 1-13　功能码 03 的请求报文

从机地址	功能码	起始地址	寄存器个数	CRC 校验
06	03	00 D2	00 04	E5 87

从表 1-13 中可以看到，从机地址为 06，需要读取 Modbus 地址从 210（0xD2）至 213（D5）共 4 个保持寄存器的内容。

该功能码的响应报文：06 03 08 02 6E 01 F3 01 06 59 AB 1E 6A，如表 1-14 所示。

表 1-14　功能码 03 的响应报文

从机地址	功能码	数据域字节数	4 个数据	CRC 校验
06	03	08	02 6E 01 F3 01 06 59 AB	1E 6A

> **注意** Modbus 的保持寄存器和输入寄存器以字节为基本单位，即每个寄存器分别对应 2 个字节。请求报文连续读取 4 个寄存器的内容，将返回 8 个字节。

5. 读输入寄存器值功能码 04

该功能码用于读取从机输入寄存器的二进制数据，不支持广播，请求报文：06 04 01 90 00 05 30 6F，如表 1-15 所示。

表 1-15 功能码 04 的请求报文

从机地址	功能码	起始地址	寄存器个数	CRC 校验
06	04	01 90	00 05	30 6F

从表 1-15 中可以看到，从机地址为 06，需要读取 Modbus 地址从 400（0x0190）至 404（0x0194）共 5 个寄存器的内容。

该功能码的响应报文：06 04 0A 1C E2 13 5A 35 DB 23 3F 56 E3 51 3A，如表 1-16 所示。

表 1-16 功能码 04 的响应报文

从机地址	功能码	数据域字节数	5 个数据	CRC 校验
06	04	0A	1C E2 13 5A 35 DB 23 3F 56 E3	51 3A

6. 写单个线圈值功能码 05

该功能码用于将单个线圈或单个离散输出状态设置为"ON"或"OFF"。0xFF00 表示状态"ON"，0x0000 表示状态"OFF"，其他值对线圈无效。例如，请求报文：04 05 00 98 FF 00 0D 80（见表 1-17），从机地址为 04，设置 Modbus 地址 152（0x98）为"ON"状态。

表 1-17 功能码 05 的请求报文

从机地址	功能码	起始地址	变更数据	CRC 校验
04	05	00 98	FF 00	0D 80

该功能码的响应报文：04 05 00 98 FF 00 0D 80，如表 1-18 所示。

表 1-18 功能码 05 的响应报文

从机地址	功能码	起始地址	变更数据	CRC 校验
04	05	00 98	FF 00	0D 80

7. 写单个保持寄存器值功能码 06

该功能码用于更新从机单个保持寄存器的值，请求报文：03 06 00 82 02 AB 68 DF，如表 1-19 所示。

表 1-19 功能码 06 的请求报文

从机地址	功能码	起始地址	变更数据	CRC 校验
03	06	00 82	02 AB	68 DF

从表 1-19 中可以看到，从机地址为 03，要求设置从机 Modbus 地址 130（0x82）的内容为 683（0x02AB）。

该功能码的响应报文：03 06 00 82 02 AB 68 DF，如表 1-20 所示。

表 1-20　功能码 06 的响应报文

从机地址	功能码	起始地址	寄存器数	CRC 校验
03	06	00 82	02 AB	68 DF

8. 写多个线圈值功能码 15（0x0F）

该功能码用于将连续的多个线圈或离散输出状态设置为"ON"或"OFF"，支持广播模式。其请求报文：03 0F 00 14 00 0F 02 C2 03 EE E1，如表 1-21 所示。

表 1-21　功能码 15 的请求报文

从机地址	功能码	起始地址	寄存器数	字节数	变更数据	CRC 校验
03	0F	00 14	00 0F	02	C2 03	EE E1

从表 1-21 中可以看到，从机地址为 03，Modbus 起始地址为 20（0x14），需要将地址从 20 至 34 共 15 个线圈寄存器的状态设定为表 1-22 所示的值。

表 1-22　线圈寄存器的值

地址范围	取值	字节值
20～27	OFF-ON-OFF-OFF-OFF-OFF-ON-ON	0xC2
28～34	ON-ON-OFF-OFF-OFF-OFF-OFF	0x03

该功能码的响应报文：03 0F 00 14 00 0F 54 29，如表 1-23 所示。

表 1-23　功能码 15 的响应报文

从机地址	功能码	起始地址	寄存器数	CRC 校验
03	0F	00 14	00 0F	54 29

9. 写多个保持寄存器值功能码 16（0x10）

该功能码用于设置或写入从机保持寄存器的多个连续的地址块，支持广播模式。数据字段用于保存需写入的数据，每个寄存器可存放 2 个字节。该功能码的请求报文：05 10 00 15 00 03 06 53 6B 05 F3 2A 08 3E 72，如表 1-24 所示。

表 1-24　功能码 16 的请求报文

从机地址	功能码	起始地址	寄存器数	字节数	变更数据	CRC 校验
05	10	00 15	00 03	06	53 6B 05 F3 2A 08	3E 72

从表 1-24 可以看到，从机地址为 05，Modbus 起始地址为 21（0x15），需要改变地址从 21 至 23 共 3 个寄存器（6 个字节数据）的内容，需要变更的数据为"53 6B 05 F3 2A 08"。

该功能码的响应报文：05 10 00 15 00 03 90 48，如表 1-25 所示。

表 1-25　功能码 16 的响应报文

从机地址	功能码	起始地址	寄存器数	CRC 校验
05	10	00 15	00 03	90 48

1.6 系统设备选型

1.6.1　M3 主控模块

　　M3 主控模块使用 RS-485 收发器芯片（SP3485E）接出了两路 RS-485 接线端子，一路与 USART2 外设相连，另一路与 USART5 外设相连。

　　另外，JP2 开关用于微控制单元（MicroController Unit，MCU）的 USART1（位于 M3 主控模块背面）连接切换。将 JP2 开关向左拨，USART1 与底板相连；将 JP2 开关向右拨，USART1 与 J9 接口相连。

　　M3 主控模块如图 1-3 所示。

图 1-3　M3 主控模块

1.6.2　RS-485 收发器芯片

　　RS-485 收发器（Transceiver）芯片是一种常用的通信接口器件，因此世界上大多数半导体公司都有符合 RS-485 标准的收发器系列芯片，如 Sipex 公司的 SP307x 系列芯片、Maxim（美

信）公司的 MAX485 系列芯片、TI（德州仪器）公司的 SN65HVD485 系列芯片、Intersil 公司的
ISL83485 系列芯片等。

下面以 Sipex 公司的 SP3485EN 芯片为例，讲解 RS-485 标准的收发器芯片的工作原理与
典型应用电路。图 1-4 展示了 RS-485 收发器芯片的典型应用电路。

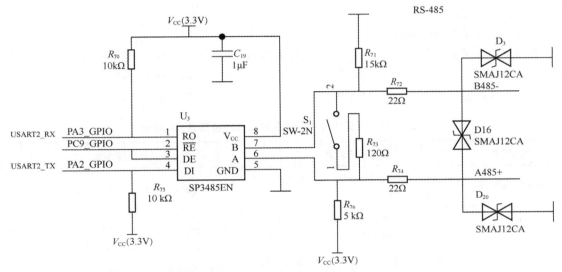

图 1-4　RS-485 收发器芯片的典型应用电路

在图 1-4 中，电阻 R_{73} 为终端匹配电阻，电阻 R_{71} 和 R_{76} 为偏置电阻，它们用于确保在静默状
态时，RS-485 维持逻辑 1 高电平状态。SP3485EN 芯片的封装是 SOP-8，RO 与 DI 分别为数
据接收与发送引脚，它们用于连接 MCU 的通用同步异步收发器（Universal Synchronous
Asynchronous Receiver and Transmitter，USART）外设。$\overline{RE}$ 和 DE 分别为接收使能和发送
使能引脚，它们与 MCU 的通用输入输出（General Purpose Input Output，GPIO）引脚相连。
A、B 两端用于连接 RS-485 上的其他设备，所有设备以并联的形式接在总线上。

目前市面上各个半导体公司生产的 RS-485 收发器芯片的引脚分布情况几乎相同，具体的引
脚功能描述如表 1-26 所示。

表 1-26　RS-485 收发器芯片的引脚功能描述

引脚编号	名称	功能描述
1	RO	接收器输出（至 MCU）
2	$\overline{RE}$	接收使能（低电平有效）
3	DE	发送使能（高电平有效）
4	DI	发送器输入（来自 MCU）
5	GND	接地
6	A	发送器同相输出/接收器同相输入
7	B	发送器反相输出/接收器反相输入
8	V_{cc}	接电源正极

1.6.3　采集量讲解

1.　模拟量传感数据采集

模拟量是指在时间和数值上都连续的物理量。在利用相应传感器对气体浓度进行数据采集时，所输出的信号就是典型的模拟量。

（1）气体浓度数据的采集。

在采集气体浓度传感数据时，使用到的气体传感器，可以把气体中的特定成分检测出来并且将其转换成电信号。在选用气体传感器时，可以从被测气体的灵敏度、气体选择性、光照稳定性、响应速度等相关方面进行考虑。常见气体传感器主要检测对象及其应用场所如表 1-27 所示。

表 1-27　常见气体传感器主要检测对象及其应用场所

气体分类	检测对象	应用场所
易燃易爆气体	液化石油气、焦炉煤气、发生炉煤气、天然气、甲烷、氢气等	家庭、煤矿、冶金室、试验室等
有毒气体	一氧化碳（不完全燃烧的煤气）、硫化氢、含硫的有机化合物卤素、卤化物、氨气等	家庭、石油工业场所、制药厂、冶炼厂、化肥厂等
环境气体	氧气（缺氧）、水蒸气（调节湿度，防止结露）等	地下工程场所、家庭、汽车厂、温室、工业区等
工业气体	一氧化碳（防止不完全燃烧）、水蒸气（食品加工）等	冶炼厂等
其他	烟雾、酒精等	工业区等

本项目以 TGS813 可燃性气体传感器和 TGS2602 空气质量传感器为例，介绍气体传感器的具体特性。

（2）TGS813 可燃性气体传感器（见图 1-5）。

图 1-5　TGS813 可燃性气体传感器

① 基本特性：

驱动电路简单；

寿命长，功耗低；

对甲烷、乙烷、丙烷等可燃气体的敏感度高。

② 典型应用:

家庭用泄漏气体检测报警器;

工业用可燃气体检测报警器;

便携式可燃气体检测报警器。

③ 技术参数:

回路电压 V_c 最大为 24V;

测量范围为 500~10000ppm（ppm 为百万分比浓度）;

灵敏度（电阻比）为 0.55~0.65;

加热器电压 V_H 为 5±0.2V（AC/DC）。

TGS813 可燃性气体传感器测试电路如图 1-6 所示，共有 6 个引脚，引脚 1、3 短接后与回路电压相接；引脚 4、6 短接后作为传感器的信号输出端；引脚 2、5 作为传感器的加热丝的两端，外接加热丝电压。加热器电压 V_H 用于加热，回路电压 V_c 则用于测定负载电阻 R_L 上的两端电压 V_{R_L}。随着待测气体浓度的变化，引脚 1 和 4 之间的阻抗随之发生变化，从而通过负载电阻 R_L 引起 V_{R_L} 的变化，因此可以通过测量 V_{R_L} 来检测待测气体的浓度。

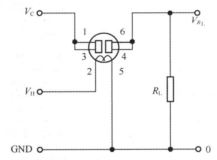

图 1-6　TGS813 可燃性气体传感器测试电路

（3）TGS2602 空气质量传感器（见图 1-7）。

图 1-7　TGS2602 空气质量传感器

① 基本特性:

驱动电路简单;

寿命长，功耗低;

对氨气、硫化物、苯系蒸汽的灵敏度高，对烟雾和其他有害气体的监测也较为有效。

② 典型应用：

空气质量检测报警器；

工业有害气体检测报警器；

空气清新机、换气扇控制、脱臭器控制等。

③ 技术参数。TGS2602 空气质量传感器技术参数如表 1-28 所示。

表 1-28　TGS2602 空气质量传感器技术参数

型号		TGS2602-B00
检测原理		氧化物半导体式
标准封装		TO-5 金属
对象气体		空气污染（VOC、氨气、硫化氢等）
检测范围		乙醇 1~30ppm
标准回路 条件	加热器电压 V_H	5±0.2V AC/DC
	回路电压 V_C	5±0.2V DC，功率不大于 15mW
	负载电阻 R_L	可变，最小值为 0.45kΩ
标准试验 条件下的 电学特性	加热器电阻 R_H	室温下约 59Ω
	加热器电流 L_H	56±5mA
	加热器功耗 P_H	280mW
	传感器电阻 R_S	10~100kΩ 空气中
	灵敏度 （RS 的变化率）	$\dfrac{RS（乙醇10ppm）}{RS（空气）}$，0.08~0.5
标准试验 条件	试验气体条件	20±2℃，65±5%R.H.
	回路条件	V_C=5±0.01V DC V_H=5±0.05V DC
	预热时间	7 天

　　TGS2602 空气质量传感器测试电路如图 1-8 所示，该传感器需要施加两个电压，加热器电压（V_H）和回路电压（V_C）。其中 V_H 用于为传感器提供特定的工作温度，可用直流电源或交流电源提供。V_{R_L} 是传感器串联的负载电阻（R_L）上的电压。V_C 是为负载电阻 R_L 提供测试的电压，需用直流电源提供。

　　TGS813 空气质量传感器其典型电路如图 1-9 所示。气体传感器模块（包含可燃性气体或空气质量等传感器）的引脚 1、3 受空气中相关气体浓度的影响输出相应的电压信号，该输出点既可以作为 LM393 中比较电位器的正端（引脚 3）输入电压，也可以直接发送至其他模块的模数转换接口，转换为相应的数字量，并进一步对该传感数据进行定量分析。比较电位器（VR_1）调节端的电压作为比较电位器负端（引脚 2）的输入电压。比较电位器根据两个电压的情况进行对比，输出端（引脚 1）输出相应的电平信号。调节采集电位器调节端的电压，即调节比较电位器负端的输入电压，设置对应的气体浓度灵敏度，即阈值电压。当气体正常或有害气体浓度较低时，传感器的输出电压小于阈值电压，比较电位器（引脚 1）输出为低电平电压；当出现有害气体且其浓度超过阈值时，传感器的输出电压增大，增大到大于阈值电压时，比较电位器（引脚 1）输出为高电平。比较电位器的输出信号实际上是一种开关量传感数据（详见后续章节的介绍），可以发送至其他 MCU的输入口进行识别以实现定性分析，或者连接其他模块的输入电路以实现控制功能（如继电器）。其他型号的电阻型气体传感器（如 TGS2602、MQ-2、MQ-4）的工作原理大同小异，分别提供加热和回路电压，对输出的电压进行模数转换后再换算成相应的浓度值，或者将输出的模拟电压通过比较器电路实现开关量输出。

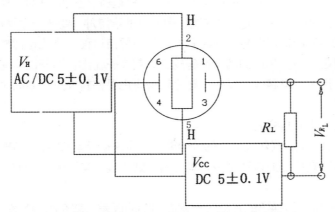

图 1-8　TGS2602 空气质量传感器测试电路

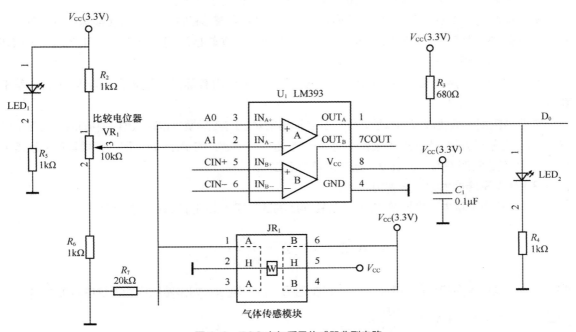

图 1-9　TGS 空气质量传感器典型电路

2. 模拟量转换为数字量的方法

由于可燃气体传感器与空气质量传感器采集到的数据是模拟量，而计算机或者数字仪表要能够识别并处理这些数据，就需要把这些模拟量转换为数字量。而且这些经计算机分析、处理后输出的数字量也需要转换为模拟量才能为执行机构所接受。因此，就需要一种能在模拟量与数字量之间起桥梁作用的器件——模数转换器和数模转换器。

将模拟量转换成数字量的器件，称为模数转换器或 A/D 转换器（Analog to Digital Converter，ADC）。将数字量转换为模拟量的器件称为数模转换器或 D/A 转换器（Digital to Analog Converter，DAC）。A/D 转换器和 D/A 转换器已成为信息系统中不可缺少的器件。

（1）模数转换的过程。

模数转换包括采样、保持、量化和编码 4 个过程。在某些特定的时刻对模拟量进行测量叫作采样，通常采样脉冲的宽度是很小的，所以采样输出是断续的窄脉冲。要把一个采样输出信号数字化，需要将采样输出所得的瞬时模拟量保持一段时间，这就是保持过程。量化是指将保持的模拟量转换成离散的数字量。编码是指将量化后的信号编码成二进制代码输出。这些过程有些是合并进行的，例如，采样和保持就利用一个电路连续完成，量化和编码也是在转换过程中同时实现的，且所用时间是保持时间的一部分。

（2）A/D 转换器的主要性能指标。

① 分辨率：表明 A/D 转换器对模拟量的分辨能力，用来确定能被 A/D 转换器辨别的最小模拟量变化。一般来说，A/D 转换器的位数越多，其分辨率则越高。实际的 A/D 转换器通常有 8、10、12 和 16 位等。

② 量化误差：由于 A/D 转换器的有限分辨率而引起的误差，即有限分辨率 A/D 转换器的阶梯状转移特性曲线与无限分辨率 A/D 转换器（理想 A/D 转换器）的转移特性曲线（直线）之间的最大偏差。通常是 1 个或半个最小数字量的模拟变化量，表示为 1LSB、1/2LSB。

③ 转换时间：转换时间是 A/D 转换器完成一次转换所需要的时间。一般转换速度越快越好，常见转换速度有高速（一次转换时间小于 1μs）、中速（一次转换时间小于 1ms）和低速（一次转换时间小于 1s）等。

④ 绝对精度：用于描述 A/D 转换器的误差，其大小由实际模拟量输入值与理论值之差来度量。

⑤ 相对精度：满度值校准以后，任一数字输出所对应的实际模拟量输入值（中间值）与理论值（中间值）之差再去除以量程。例如，对于一个 8 位 0～3.3V 的 A/D 转换器，如果其量化误差为 1LSB，则其绝对误差为 12.9mV，相对误差为 0.39%。

（3）模拟量转换为数字量举例。

在模数转换电路中，模拟量 U_A 经模数转换后的数字量 A/D 的计算过程如下所示。

$$A/D = \frac{U_A}{V_{DD}} \cdot 2^n = \frac{2^n}{V_{DD}} \times U_A$$

式中，n 为模数转换的精度位数，V_{DD} 为转换电路的供电电压。如传感器实验模块中精度为 8 位、供电电压为 3.3V，则 $A/D = \frac{256}{3.3} \cdot U_A$。

1.7 系统数据通信协议分析

1.7.1 RS-485 网络的数据帧

在 RS-485 主从机通信网络中，需要对从机节点的地址与传感器类型编号进行配置。根据 1.5.5 小节 Modbus 功能码的相关基础知识，可规划系统的功能码、寄存器地址与传感器的对应关系，如表 1-29 所示。

表 1-29　功能码、寄存器地址与传感器的对应关系

功能码	寄存器地址	传感器（数据）类型	传感器（数据）名称
0x02 读离散输入状态值	0x0000	开关量	人体红外传感器
	0x0001		声音传感器
	0x0002		红外传感器
0x03 读保持寄存器值	0x0000	数字量	温湿度传感器
	0x0001		本节点地址
	0x0002		节点连接的传感器类型
0x04 读输入寄存器值	0x0000	模拟量	光敏传感器
	0x0001		空气质量传感器
	0x0002		火焰传感器
	0x0003		可燃气体传感器
0x06 写单个保持寄存器值	0x0001	数字量	配置（写）节点地址
	0x0002		配置（写）传感器类型

这 3 种类型传感器的功能码分别为 0x04、0x03、0x02。其中人体红外、红外、声音传感器为开关量，温湿度为数字量，光敏、空气质量、火焰传感器和可燃气体传感器为模拟量。

传感器类型代号定义如表 1-30 所示。

表 1-30　传感器类型代号定义

代号	1	2	3	4	5	6	7	8	9
传感器 类型	温湿度	人体红外	火焰	可燃气体	空气质量	光敏	声音 传感器	红外 传感器	心率 传感器

本项目的 RS-485 通信采用 Modbus RTU 模式，接下来对几种常用的主机请求与从机响应的通信帧进行介绍。

1. 温湿度数据采集（数字量，功能码为 0x03）

如果主机需要读取从机的温湿度数据，则主机发送的请求帧如表 1-31 所示。

表 1-31　读取温湿度数据请求帧

地址	功能码	寄存器地址	寄存器数量	CRC 校验
1 个字节	1 个字节	2 个字节	2 个字节	2 个字节
0x01	0x03	0x0000	0x0001	0x840A

从机 1 收到请求帧后，假设温度为 25℃，湿度为 25%RH，则回复的响应帧如表 1-32 所示。

表 1-32　读取温湿度数据从机响应帧

地址	功能码	返回字节数	寄存器值	CRC 校验
1 个字节	1 个字节	1 个字节	2 个字节	2 个字节
0x01	0x03	0x02	0x1919	0x721E

2. 可燃气体数据采集（模拟量，功能码为 0x04）

如果主机需要读取从机 1 的可燃气体数据，则主机发送的请求帧如表 1-33 所示。

表 1-33　读取可燃气体数据请求帧

地址	功能码	寄存器地址	寄存器数量	CRC 校验
1 个字节	1 个字节	2 个字节	2 个字节	2 个字节
0x01	0x04	0x0003	0x0001	0xC1CA

从机 1 收到请求帧后，回复的响应帧如表 1-34 所示，返回的寄存器值为 300（0x012C）。

表 1-34　读取可燃气体数据从机响应帧

地址	功能码	返回字节数	寄存器值	CRC 校验
1 个字节	1 个字节	1 个字节	2 个字节	2 个字节
0x01	0x04	0x02	0x012C	0xB97D

3. 火焰数据采集（模拟量，功能码为 0x04）

如果主机需要读取从机 1 的火焰数据，则主机发送的请求帧如表 1-35 所示。

表 1-35　读取火焰数据请求帧

地址	功能码	寄存器地址	寄存器数量	CRC 校验
1 个字节	1 个字节	2 个字节	2 个字节	2 个字节
0x01	0x04	0x0002	0x0001	0x900A

从机 1 收到请求帧后，回复的响应帧如表 1-36 所示，返回的寄存器值为 200（0x00C8）。

表 1-36　读取火焰数据从机响应帧

地址	功能码	返回字节数	寄存器值	CRC 校验
1 个字节	1 个字节	1 个字节	2 个字节	2 个字节
0x01	0x04	0x02	0x00C8	0xB8A6

4. 声音数据采集（开关量，功能码为 0x02）

如果主机需要读取从机 1 的声音数据，则主机发送的请求帧如表 1-37 所示。

表 1-37 读取声音数据请求帧

地址	功能码	寄存器地址	寄存器数量	CRC 校验
1 个字节	1 个字节	2 个字节	2 个字节	2 个字节
0x01	0x02	0x0001	0x0001	0xE80A

从机 1 收到请求帧后，回复的响应帧如表 1-38 所示，返回的寄存器值为 1。

表 1-38 读取声音数据从机响应帧

地址	功能码	返回字节数	寄存器值	CRC 校验
1 个字节	1 个字节	1 个字节	1 个字节	2 个字节
0x01	0x02	0x01	0x01	0x6048

5. 配置从机传感器类型（数字量，功能码为 0x06）

如果主机需要配置从机 1 的传感器类型为可燃气体传感器，主机发送的请求帧如表 1-39 所示。

表 1-39 配置传感器类型请求帧

地址	功能码	寄存器地址	寄存器值	CRC 校验
1 个字节	1 个字节	2 个字节	2 个字节	2 个字节
0x01	0x06	0x0002	0x0004	0x29C9

从机 1 收到请求帧后，修改本机的传感器类型，回复的响应帧如表 1-40 所示。

表 1-40 配置传感器类型从机响应帧

地址	功能码	寄存器地址	寄存器值	CRC 校验
1 个字节	1 个字节	2 个字节	2 个字节	2 个字节
0x01	0x06	0x0002	0x0004	0x29C9

6. 配置从机节点地址（数字量，功能码为 0x06）

如果主机需要将从机的节点地址由"0x01"（一号节点）配置为"0x02"（二号节点），则主机发送的请求帧如表 1-41 所示。

表 1-41 配置从机节点地址请求帧

地址	功能码	寄存器地址	寄存器值	CRC 校验
1 个字节	1 个字节	2 个字节	2 个字节	2 个字节
0x01	0x06	0x0001	0x0002	0x59CB

从机 1 收到请求帧后，修改本机的传感器类型，回复的响应帧如表 1-42 所示。

表 1-42 配置传感器类型从机响应帧

地址	功能码	寄存器地址	寄存器值	CRC 校验
1 个字节	1 个字节	2 个字节	2 个字节	2 个字节
0x01	0x06	0x0001	0x0002	0x59CB

1.7.2　通过 RS-485 网络上报网关的数据帧

RS-485 网络的主机需要将传感器采集到的数据通过物联网网关上报至云平台。根据本项目案例需求，RS-485 网络的主机与物联网网关之间并没有采用 Modbus 通信协议，而是使用了自定义的通信协议，其数据帧格式如表 1-43 所示。

表 1-43　通过 RS-485 网络上报网关的数据帧

组成部分（缩写）	帧起始符（START）	地址域（ADDR）	命令码域（CMD）	数据长度域（LEN）	传感器类型（TYPE）	数据域（DATA）	校验码域（CS）
长度	1 个字节	2 个字节	1 个字节	1 个字节	1 个字节	2 个字节	1 个字节
内容	固定为 0xDD	DstAddr	见本表格说明	Length	见本表格说明	Data	CheckSum
举例	0xDD	0x0002	0x02	0x09	0x01	0x18 0x40	0x51

表 1-43 中各字段说明如下。

① 帧起始符：固定为 0xDD。

② 地址域：为发送节点的地址。

③ 命令码域：0x01 代表上报 CAN 的数据，0x02 代表上报 RS-485 网络的数据。

④ 数据长度域：固定为 0x09，即 9 个字节。

⑤ 传感器类型：1 表示温湿度传感器，2 表示人体检测传感器，3 表示火焰传感器，4 表示可燃气体传感器，5 表示空气质量传感器，6 表示光敏传感器，7 表示声音传感器，8 表示红外传感器，9 表示心率传感器，10 表示其他。

⑥ 数据域：占 2 个字节，高 8 位和低 8 位，如温湿度传感器，高 8 位为温度值，低 8 位为湿度值，则温度 24℃对应 0x18，湿度 64%RH 对应 0x40。

⑦ 校验码域：采用和校验方式，计算从"帧起始符"到"数据域"之间所有数据的累加和，并将该累加和与 0xFF 按位与而保留低 8 位，将此值作为 CS 的值。

【项目实施】

本项目案例要求搭建一个基于 RS-485 的智能安防系统，系统构成如下。

个人计算机（Personal Computer，PC）（作为上位机）1 台；网关 1 个；RS-485 通信节点 3 个（1 个主机节点、2 个从机节点）；空气质量传感器 1 个（安装在从机 1 节点上）；可燃气体传感器 1 个（安装在从机 2 节点上）；USB 转 RS-485 调试器 1 个。

智能安防系统拓扑结构如图 1-10 所示。整个系统由两个 RS-485 网络构成，RS-485 网络 1 含一个主机节点、两个从机节点参考图 1-10，可以扩展到 x 个从机节点，使用 Modbus 通信协议作为应用层协议。主机节点与网关之间的连接基于 RS-485 网络 2，网关通过以太网连接到云平台。

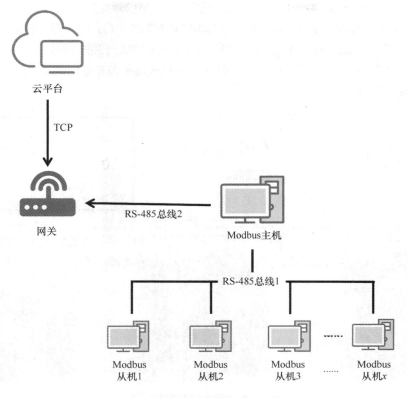

图 1-10　智能安防系统拓扑结构

实施项目前必须先准备好设备和资源，包括 M3 主控模块 3 个、空气质量传感器 1 个、可燃气体传感器 1 个、USB 转 RS-232 转接头 1 个、USB 转串口线 1 根、各色香蕉线若干、杜邦线若干，PC1 台。

主要步骤包括：

① 系统搭建。

② 完善工程代码。

③ 编译下载程序。

④ 在云平台上创建项目。

⑤ 测试方案及设计。

1.8　任务 1：系统搭建

1-3　微课

硬件环境搭建

智能安防系统需要使用一个 RS-485 主机节点和两个 RS-485 从机节点。智能安防系统硬件连线如图 1-11 所示。

① 将空气质量传感器与可燃气体传感器分别插在两个 RS-485 从机节点上。

② 将主机与两个从机之间的 RS-485 节点的 485-A 与 485-B 端子互相连接，构成 RS-485 网络 1。

③ 将网关广域网（Wide Area Network，WAN）口通过网线连接外网如图 1-11 的路由器所示，局域网（Local Area Network，LAN）口通过网线连接 PC，PC 需开启动态主机配置协议（Dynamic Host Configuration Protocol，DHCP）或与网关处于同一网段。

④ 将主机节点的 RS-485 USART5 的 485A、485B 端子与物联网网关 RS-485 的 A2、B2 互相连接，构成 RS-485 网络 2。

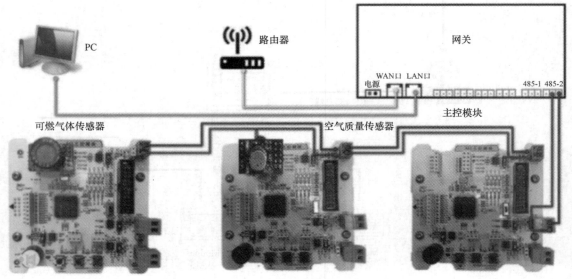

图 1-11　智能安防系统硬件连线

1.9 任务 2: 完善工程代码

1.9.1 定义 Modbus 帧与 Modbus 协议管理器的结构体

在 protocol.h 中核对以下代码：

```
//类 Modbus 帧定义
__packed typedef struct {

    u8 address;              //地址：0 表示广播地址；1~255 表示设备地址
    u8 function;             //帧功能，0~255
    u8 count;                //帧编号
    u8 datalen;              //有效数据长度
    u8 *data;                //数据存储区
    u16 chkval;              //校验值
} m_frame_typedef;



//类 Modbus 协议管理器
typedef  struct {
    u8* rxbuf;               //接收缓存区
```

```
    u16 rxlen;                      //接收数据的长度
    u8 frameok;                     //一帧数据接收完成标记: 0 表示还没完成; 1 表示已完成
    u8 checkmode;                   //校验模式: 0 表示校验和; 1 表示异或; 2 表示 CRC8; 3 表示 CRC16
} m_protocol_dev_typedef;
```

1.9.2 编写 Modbus 通信帧解析函数

在 protocol.c 中输入以下代码:

```
m_result mb_unpack_frame()
{
    u16 rxchkval=0;                     //接收到的校验值
    u16 calchkval=0;                    //计算得到的校验值
    u8 cmd = 0 ;                        //计算功能码
    u8 datalen=0;                       //有效数据长度
    u8 address=0;
    u8 res;
    if(m_ctrl_dev.rxlen>M_MAX_FRAME_LENGTH||m_ctrl_dev.rxlen<M_MIN_FRAME_LENGTH)
    {
        m_ctrl_dev.rxlen=0;             //清除 rxlen
        m_ctrl_dev.frameok=0;           //清除 framok 标记, 以便下次可以正常接收
        return MR_FRAME_FORMAT_ERR;     //帧格式错误
    }
    datalen=m_ctrl_dev.rxlen;
    DBG_B_INFO("当前数据长度 %d",m_ctrl_dev.rxlen);

    switch(m_ctrl_dev.checkmode) {
      case M_FRAME_CHECK_SUM:                               //校验和
          calchkval=mc_check_sum(m_ctrl_dev.rxbuf,datalen+4);
          rxchkval=m_ctrl_dev.rxbuf[datalen+4];
          break;
      case M_FRAME_CHECK_XOR:                               //异或校验
          calchkval=mc_check_xor(m_ctrl_dev.rxbuf,datalen+4);
          rxchkval=m_ctrl_dev.rxbuf[datalen+4];
          break;
      case M_FRAME_CHECK_CRC8:                      //CRC8
          calchkval=mc_check_crc8(m_ctrl_dev.rxbuf,datalen+4);
          rxchkval=m_ctrl_dev.rxbuf[datalen+4];
          break;
      case M_FRAME_CHECK_CRC16:                     //CRC16
          calchkval=mc_check_crc16(m_ctrl_dev.rxbuf,datalen-2);
          rxchkval=((u16)m_ctrl_dev.rxbuf[datalen-2]<<8)+m_ctrl_dev.rxbuf[datalen-1];
          break;
    default:
        break;
    }

    m_ctrl_dev.rxlen=0;                     //清除 rxlen
    m_ctrl_dev.frameok=0;                   //清除 framok 标记, 以便下次可以正常接收

    //如果校验正常
```

```
    if(calchkval==rxchkval)
    {
        address=m_ctrl_dev.rxbuf[0];
        if (address!= SLAVE_ADDRESS) {
            return MR_FRAME_SLAVE_ADDRESS;               //帧格式错误
        }
        cmd=m_ctrl_dev.rxbuf[1];
        if ((cmd > 0x06 )||(cmd < 0x01)) {
            return MR_FRANE_ILLEGAL_FUNCTION;            //命令帧错误
        }

        switch (cmd)
        {
          case 0x02:
              res = ReadDiscRegister();//读取离散量
              break;
          case 0x03:
              res = ReadHoldRegister();//读取保持寄存器
              break;
          case 0x04:
              res = ReadInputRegister();//读取输入寄存器
              break;
          case 0x06:
              res = WriteHoldRegister();//写保持寄存器
              break;
          default:
              break;
        }
    }
    else
    {
        return MR_FRAME_CHECK_ERR;
    }
    return MR_OK;
}
```

1.9.3　编写读取传感数据并回复响应帧的函数

在本项目中，两个从机节点分别连接空气质量传感器和可燃气体传感器。根据表 1-29 所示的功能码、寄存器地址与传感器的对应关系可知，这两种传感器都是模拟量传感器，主机将使用功能码 04 来读取从机的传感数据。因此从机在解析完主机的请求帧以后，应编写读取传感数据并回复响应帧的函数。

在基础工程的 inputregister.c 中输入以下代码：

```
u8 ReadInputRegister(void)
{
    u16 regaddress;
    u16 regcount;
    u16 * input_value_p;
```

```
u16 iregindex;
  u8 sendbuf[20];                    //发送缓冲区
u8 send_cnt=0;
  u16 calchkval=0;                   //计算得到的校验值
  regaddress=(u16)(m_ctrl_dev.rxbuf[2]<<8);      //取出主机请求帧中的寄存器地址
regaddress|=(u16)(m_ctrl_dev.rxbuf[3]);
  regcount =(u16)(m_ctrl_dev.rxbuf[4]<<8);      //取出主机请求帧中的寄存器数量
regcount |= (u16)(m_ctrl_dev.rxbuf[5]);
  input_value_p = inbuf;
  //组建响应帧
if((1<=regcount)&&(regcount<4)) {
    if((regaddress>=0)&&(regaddress<=3)) {
        sendbuf[send_cnt]=SLAVE_ADDRESS;        //从机地址
        send_cnt++;
        sendbuf[send_cnt]=0x04;                //功能码 0x04
        send_cnt++;
        sendbuf[send_cnt]=regcount*2;          //字节长度
        send_cnt++;
          iregindex=regaddress-0;
        //将寄存器内容赋值给响应帧
        while(regcount>0) {
            sendbuf[send_cnt]=(u8)(input_value_p[iregindex]>>8);
            send_cnt++;
            sendbuf[send_cnt]=(u8)(input_value_p[iregindex]& 0xFF);
            send_cnt++;
            iregindex++;
            regcount--;
        }
        switch(m_ctrl_dev.checkmode)
        {
          case M_FRAME_CHECK_SUM:              //校验和
            calchkval=mc_check_sum(sendbuf,send_cnt);
            break;
          case M_FRAME_CHECK_XOR:              //异或校验
            calchkval=mc_check_xor(sendbuf,send_cnt);
            break;
          case M_FRAME_CHECK_CRC8:            //CRC8
            calchkval=mc_check_crc8(sendbuf,send_cnt);
            break;
          case M_FRAME_CHECK_CRC16:            //CRC16
            calchkval=mc_check_crc16(sendbuf,send_cnt);
            break;
        default:
            break;
        }

        if(m_ctrl_dev.checkmode==M_FRAME_CHECK_CRC16)
        {
            sendbuf[send_cnt]= (calchkval>>8)&0XFF;      //高字节在前
```

```
            send_cnt++;
            sendbuf[send_cnt]= calchkval&0XFF;          //低字节在后
        }
        RS4851_Send_Buffer(sendbuf,send_cnt+1);       //发送这一帧数据
    }
} else {
    return 1;
}
return 0;
}
```

代码编写完成后进行编译，编译成功后将生成用于下载的从机固件（文件扩展名为.hex）。

1.10 任务 3：编译下载程序

1-5　微课

代码完善和效果
演示 2

1.10.1 节点固件下载

选取两个"M3 主控模块"，下载"从机节点"固件，文件即本书 1.9 节编译生成的从机固件。选取一个"M3 主控模块"，下载"主机节点"固件。

1. 主控模块板设置

将 M3 主控模块板的 JP1 拨码开关拨到"BOOT"模式，如图 1-12 所示。

图 1-12　M3 主控模块板烧写设置

2. 配置串行通信与 Flash 参数

使用意法半导体（STMicroelectronics，ST）公司官方出品的在线编程（In-System Programming，ISP）工具——Flash Download Demonstrator 进行固件的下载。

打开该工具后，需要配置串行通信接口及其通信波特率（Baud Rode，即传输速率），如图 1-13（a）所示。软件读到硬件设备后，选择 MCU 型号（Target）为"STM32F1_High-density _512k"，单击"Next"按钮，如图 1-13（b）所示。

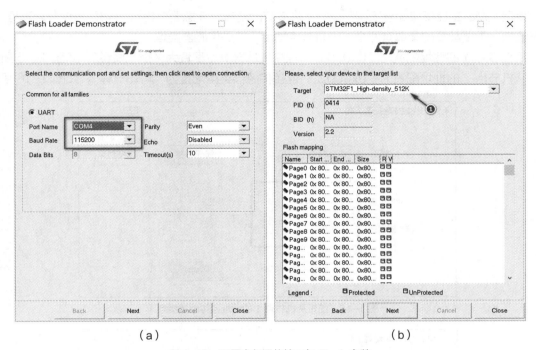

（a）　　　　　　　　　　　　（b）

图 1-13　配置串行通信接口与 Flash 参数

3. 选择需要下载的固件

配置好串行通信接口与 Flash 参数之后，还应对需要下载的固件进行选择，如图 1-14 所示。

单击图 1-14 中标号③处的按钮，选取需要下载的固件（文件扩展名为.hex），然后单击"Next"按钮（标号④处）即可开始下载。

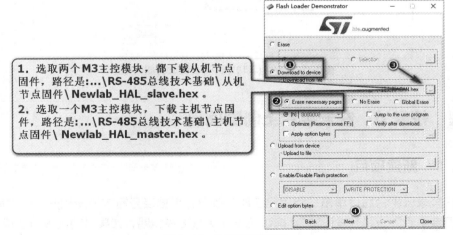

图 1-14　选取合适的固件

按照上述步骤，分别下载另外两个节点的固件。

1.10.2 节点配置

使用"M3 主控模块配置工具"进行从机节点的配置，注意要先勾选"485 协议"复选框，再打开连接。需要配置的参数有两个，一是节点地址，二是传感器类型。

从机节点 1 的地址配置为"0x0001"，连接传感器类型配置为"空气质量"，如图 1-15 所示。

从机节点 2 的地址配置为"0x0002"，连接传感器类型配置为"可燃气体"，如图 1-16 所示。

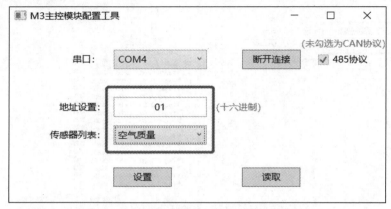

图 1-15　配置从机节点 1 的地址和传感器类型

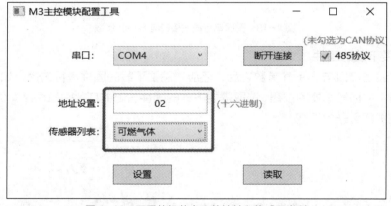

图 1-16　配置从机节点 2 的地址和传感器类型

1.11 任务 4：在云平台上创建项目

1.11.1 新建项目

新用户登录云平台后可单击"新用户注册"按钮，根据自身需求注册相关账户然后登录。再单击"开发者中心"→"开发设置"，确认 ApiKey 有没有过期，如果过期则重新生成 ApiKey，如图 1-17 所示。

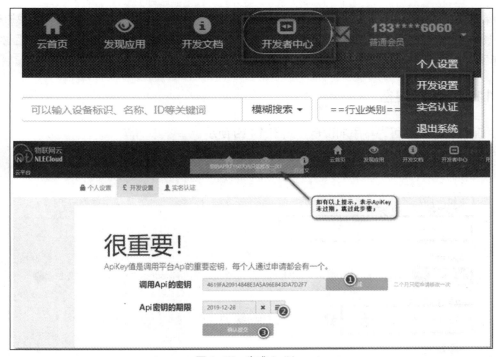

图 1-17 生成 ApiKey

先单击"开发者中心"（图 1-18 中标号①处），然后单击"新增项目"（图 1-18 中标号②处）。

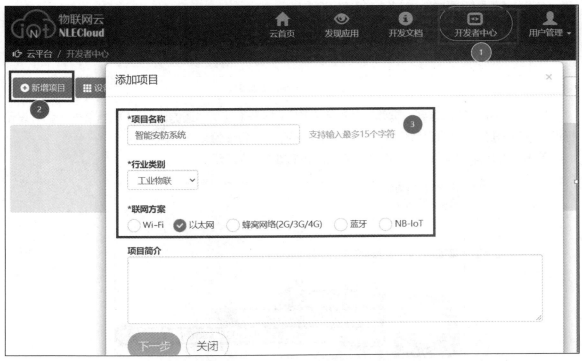

图 1-18 云平台新建项目

在弹出的"添加项目"对话框中，可对"项目名称""行业类别""联网方案"等信息进行设置（图 1-18 中的标号③处）。设置"项目名称"为"智能安防系统"，"行业类别"选择"工业物联"，"联网方案"选择"以太网"。

1.11.2　添加设备

项目新建完毕后，可为其添加设备，如图 1-19 所示。

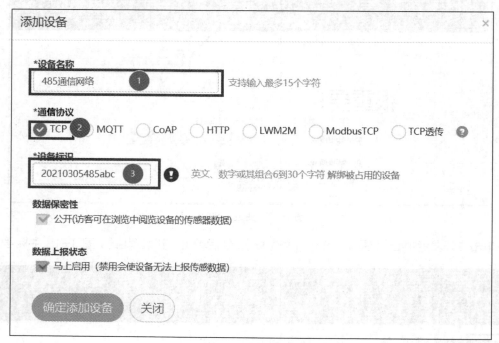

图 1-19　云平台添加设备

从图 1-19 中可以看到，需要对"设备名称"（标号①处）、"通信协议"（标号②处）和"设备标识"（标号③处，可以设置任意标识，不重复即可）进行设置。

单击"确定添加设备"，添加设备完成效果如图 1-20 所示。

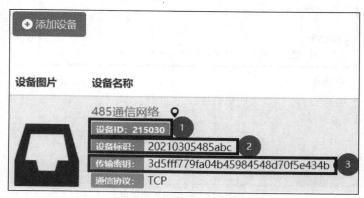

图 1-20　添加设备完成效果

将图 1-20 中标号②处的"设备标识"和标号③处的"传输密钥"记录，配置网关时需用到这些信息。

1.11.3　配置网关接入云平台

将网关的 LAN 口与 PC 通过网线相连，将网关的 WAN 口与外网相连。

确认网关与 PC 处于同一网段后，打开 PC 上的浏览器，在地址栏输入"192.168.14.200:8400"（以从网关获取的实际 IP 地址为准，这里仅供参考）进入配置界面。

单击"云平台接入"标签（图 1-20 标号①处），将出现图 1-21 所示的网关配置界面。

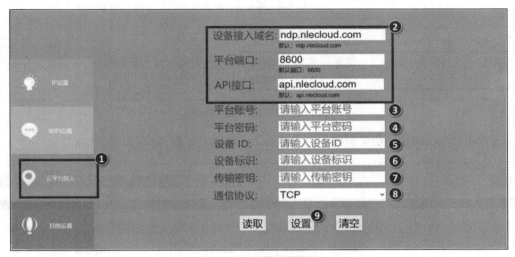

图 1-21　网关配置界面

此界面的标号②处为默认网关内容，在标号③和④处的文本框中填写账户和密码，在标号⑤～⑧处的文本框中填写云平台设备 ID、设备标识、传输密钥以及通信协议。单击"设置"按钮（标号⑨处）就可以完成网关的配置。之后物联网网关系统会自动重启，20s 左右，网关系统初始化完成。刷新网页，就可以看到网关上线了，并且自动识别到了 Modbus 总线上连接的传感器设备，如图 1-22 所示。

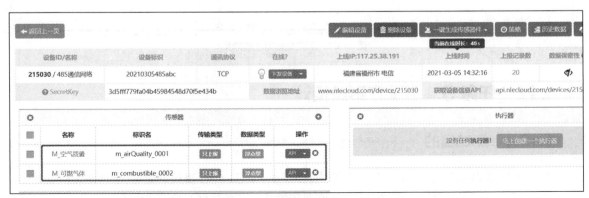

图 1-22　自动识别到的传感器

1.11.4　系统运行情况分析

用户可查看实时数据，如图 1-23 所示，执行"下发设备"→"实时数据开"（标号①处）命令，打开实时数据显示开关，可以看到实时数据显示在②处，并且这些数据每隔 5s 刷新一次。

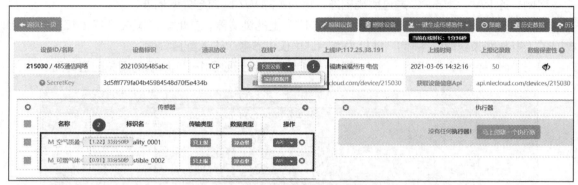

图 1-23　实时数据显示的效果

用户也可以通过单击"历史数据"链接查看历史数据，如图 1-24 所示。

记录ID	记录时间	传感ID	传感名称	传感标识名	传感值/单位	设备标识
2701237962	2021-03-05 14:37:30	950746	M 可燃气体	m_combustible_0002	0.91	20210305485abc
2701237961	2021-03-05 14:37:30	950745	M 空气质量	m_airQuality_0001	1.24	20210305485abc
2701237409	2021-03-05 14:37:27	950746	M 可燃气体	m_combustible_0002	0.91	20210305485abc
2701237408	2021-03-05 14:37:27	950745	M 空气质量	m_airQuality_0001	1.24	20210305485abc
2701236759	2021-03-05 14:37:23	950746	M 可燃气体	m_combustible_0002	0.92	20210305485abc
2701236758	2021-03-05 14:37:23	950745	M 空气质量	m_airQuality_0001	1.24	20210305485abc
2701236168	2021-03-05 14:37:20	950746	M 可燃气体	m_combustible_0002	0.92	20210305485abc
2701236167	2021-03-05 14:37:20	950745	M 空气质量	m_airQuality_0001	1.24	20210305485abc
2701235754	2021-03-05 14:37:17	950746	M 可燃气体	m_combustible_0002	0.91	20210305485abc
2701235753	2021-03-05 14:37:17	950745	M 空气质量	m_airQuality_0001	1.24	20210305485abc
2701235144	2021-03-05 14:37:14	950746	M 可燃气体	m_combustible_0002	0.91	20210305485abc

图 1-24　历史数据显示的效果

1.12　任务 5：测试方案及设计

1.12.1　测试目的

本任务的测试目的是探索两个方面的内容：（1）RS-485 协议传输距离对速率的影响；（2）RS-485 协议采用两线制传输，A、B 两条传输线主从机接线顺序不能相反。

1.12.2　测试方法

1. RS-485 协议传输距离对速率的影响

首先测试 RS-485 协议传输距离对速率的影响。主机发送给从机 1 的灯为 LED_1，接收从机 1 的灯为 LED_5；主机发送给从机 2 的灯为 LED_3，接收从机 2 的灯为 LED_7。

打开资源包里的 RS-485 主机基础工程，在 app_master.c 文件中，设置 flag 的值，用来区分从机 1 和从机 2。当 flag 为 1 的时，表示从机 1；当 flag 为 2 时，表示从机 2。

首先，在文件头声明 int flag = 0;，然后在 mater_poll()函数中，在相应的位置设置 flag 的值。这里只截取需要设置的代码：

```
static void mater_poll(u8 i) {
……
  switch (class_sen[add].senty) {
    ……
    case AirQuality_Sensor:
      flag = 1;
      masterInputRegister(i+1,1,1);
      break;
    ……
    case FlammableGas_Sensor:
      flag = 2;
      masterInputRegister(i+1,3,1);
      break;
      ……
  }
……
}
```

在 max485.c 文件中的 RS4851_Send_Buffer()函数中添加以下代码：

```
if(flag == 1) {
    HAL_GPIO_WritePin(LED7_GPIO_Port,LED7_Pin,GPIO_PIN_RESET);
    HAL_Delay(10);
    HAL_GPIO_WritePin(LED7_GPIO_Port,LED7_Pin,GPIO_PIN_SET);
} else if(flag == 2) {
    HAL_GPIO_WritePin(LED5_GPIO_Port,LED5_Pin,GPIO_PIN_RESET);
    HAL_Delay(10);
    HAL_GPIO_WritePin(LED5_GPIO_Port,LED5_Pin,GPIO_PIN_SET);
}
```

在 app_master.c 文件中的 unpack_readinput_reg ()函数中添加以下代码：

```
if(flag == 1) {
    HAL_GPIO_WritePin(LED3_GPIO_Port,LED3_Pin,GPIO_PIN_RESET);
    HAL_Delay(10);
    HAL_GPIO_WritePin(LED3_GPIO_Port,LED3_Pin,GPIO_PIN_SET);
} else if(flag == 2){
    HAL_GPIO_WritePin(LED1_GPIO_Port,LED1_Pin,GPIO_PIN_RESET);
```

```
    HAL_Delay(10);
    HAL_GPIO_WritePin(LED1_GPIO_Port,LED1_Pin,GPIO_PIN_SET);
}
```

主从机交互流程如图 1-25 所示。

程序编译下载，查看 RS-485 网络 1 主从机之间的通信数据帧。

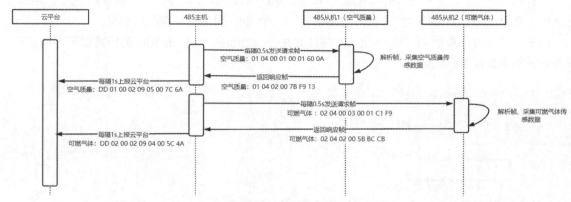

图 1-25　主从机交互流程

将 USB 转 RS-232 转接头与 USB 转串口线相连，一端连接在计算机 USB 端口，另一端的 T/R+、T/R- 与 USART5 的 485A、485B 互相连接。使用上位机软件，打开"串口调试助手"工具配置相关波特率之后打开串口，进行通信数据的抓包与分析工作，RS-485 网络 1 主从机通信数据帧如图 1-26 所示。

根据 Modbus RTU 模式，解析通信帧，介绍如下。

对于空气质量数据采集（模拟量，功能码为 0x04），如果主机需要读取从机 1 的空气质量数据，则主机发送的请求帧如表 1-44 所示。

表 1-44　读取空气质量数据请求帧

地址	功能码	寄存器地址	寄存器数量	CRC 校验
1 个字节	1 个字节	2 个字节	2 个字节	2 个字节
0x01	0x04	0x0001	0x0001	0x600A

从机 1 收到请求帧后，假设空气质量数据为 123，则回复的响应帧如表 1-45 所示。

表 1-45　读取空气质量从机响应帧

地址	功能码	返回字节数	寄存器值	CRC 校验
1 个字节	1 个字节	1 个字节	2 个字节	2 个字节
0x01	0x04	0x02	0x007B	0xF913

对于可燃气体数据采集（模拟量，功能码为 0x04），如果主机需要读取从机 2 的可燃气体数据，则主机发送的请求帧如表 1-46 所示。

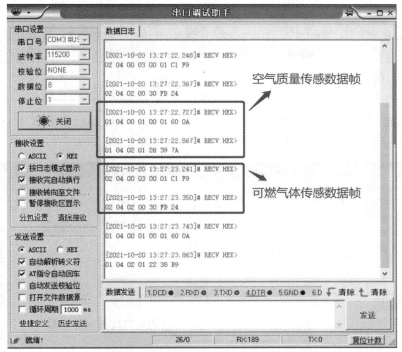

图 1-26 RS-485 网络 1 主从机通信数据帧

表 1-46 读取空气质量数据请求帧

地址	功能码	寄存器地址	寄存器数量	CRC 校验
1 个字节	1 个字节	2 个字节	2 个字节	2 个字节
0x02	0x04	0x0003	0x0001	0xC1F9

从机 2 收到请求帧后，假设可燃气体数据为 123，则回复的响应帧如表 1-47 所示。

表 1-47 读取空气质量从机响应帧

地址	功能码	返回字节数	寄存器值	CRC 校验
1 个字节	1 个字节	1 个字节	2 个字节	2 个字节
0x02	0x04	0x02	0x005B	0xBCCB

分析 RS-485 网络 2，从主机上报云平台通信数据帧，如图 1-27 所示。

RS-485 网络 2 上报云平台数据帧如表 1-48 所示。

表 1-48 RS-485 网络 2 上报云平台数据帧

组成部分（缩写）	帧起始符（START）	地址域（ADDR）	命令码域（CMD）	数据长度域（LEN）	传感器类型（TYPE）	数据域（DATA）	校验码域（CS）
长度	1 个字节	2 字节	1 个字节	1 个字节	1 个字节	2 个字节	1 个字节
从机 1	0xDD	0x0001	0x02	0x09	0x05（空气质量传感器）	0x00 0x7C	0x6A

续表

组成部分（缩写）	帧起始符（START）	地址域（ADDR）	命令码域（CMD）	数据长度域（LEN）	传感器类型（TYPE）	数据域（DATA）	校验码域（CS）
从机2	0xDD	0x0002	0x02	0x09	0x04（可燃气体传感器）	0x00 0x5C	0x4A

为了方便描述，这里 RS-485 从机 1 简称为从机 1，RS-485 从机 2 简称为从机 2，RS-485 主机简称为主机，RS-485+简称为 A 端，RS-485-简称为 B 端。

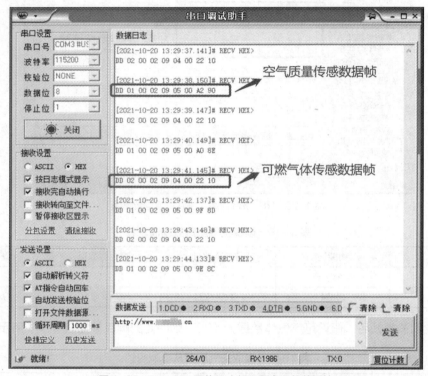

图 1-27　RS-485 网络 2 上报云平台通信数据帧

实验测试接线如图 1-28～图 1-30 所示。

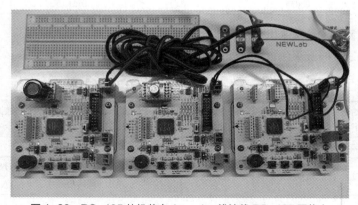

图 1-28　RS-485 从机节点 1——1m 线挂载 RS-485 网络上

图 1-29　RS-485 从机节点 1——5m 线挂载 RS-485 网络上

图 1-30　RS-485 从机节点 1——20m 线挂载 RS-485 网络上

实验测试结果如表 1-49 所示。

表 1-49　测试结果 1

序号	功能测试项目	测试现象	测试结果
1	从机 2 接线保持不变，从机 1 采用 1m 接线连接主机节点 RS-485 的 A、B 端	发送灯：LED1、LED3； 接收灯：LED5、LED7； LED 闪烁顺序为：LED1→LED5→LED3→LED7	由于测试距离过短，肉眼观察到的传输距离对速率的影响效果不明显
2	从机 2 接线保持不变，从机 1 采用 5m 接线连接主机节点 RS-485 的 A、B 端	发送灯：LED1、LED3； 接收灯：LED5、LED7； LED 闪烁顺序为：LED1→LED5→LED3→LED7	
3	从机 2 接线保持不变，从机 1 采用 20m 接线连接主机节点 RS-485 的 A、B 端	发送灯：LED1、LED3； 接收灯：LED5、LED7； LED 闪烁顺序为：LED1→LED5→LED3→LED7	

2. RS-485 协议采用两线制传输，A、B 两条传输线主从机接线顺序不能相反

基于以上测试结果进行测试，测试结果如表 1-50 所示。

表 1-50　测试结果 2

序号	功能测试项目	测试现象	测试结果
1	从机 1、从机 2、主机的 A 端互连； 从机 1、从机 2、主机的 B 端互连	发送灯：LED1、LED3； 接收灯：LED5、LED7； 4 盏灯陆续闪烁	正确接线情况下，RS-485 异步传输，4 盏 LED 闪烁正常
2	在测试项目 1 的条件下，将从机 1 的 A、B 端接线反接	发送灯：LED1、LED3； 接收灯：LED5、LED7； LED5 熄灭，其余 3 盏灯陆续闪烁	从机 1 的 A、B 端接线互换之后，主机未接收到来自从机 1 发送过来的数据。从而得知 A、B 两条传输线接线顺序不能相反
3	在测试项目 1 的条件下，将从机 2 的 A、B 端接线反接	发送灯：LED1、LED3； 接收灯：LED5、LED7； LED7 熄灭，其余 3 盏灯陆续闪烁	从机 2 的 A、B 端接线互换之后，主机未接收到来自从机 2 发送过来的数据。从而得知 A、B 两条传输线接线顺序不能相反
4	在测试项目 1 的条件下，将主机的 A、B 端接线反接	发送灯：LED1、LED3； 接收灯：LED5、LED7； 2 盏发送灯闪烁，2 盏接收灯熄灭	主机的 A、B 端接线互换之后，主机未接收到来自两个从机发送过来的数据。从而得知 A、B 两条传输线接线顺序不能相反

【项目小结】

　　本项目重点在于 Modbus 通信协议，需要读者掌握 Modbus 通信请求与响应的通信数据帧，通过数据帧各个字段的定义，来识别设备地址、传感器类型等信息。读者通过智能安防系统项目，对 Modbus 通信协议进行理解、掌握，可进一步提升软硬件联调的能力。

【知识巩固】

1. 单选题

（1）RS-485 设备有 A、B 两根信号线，设备连接总线时应（　　）。

　　A. 同名端相连　　　　　　　　　B. 交叉相连

　　C. 任意连接　　　　　　　　　　D. 接地

（2）在 Modbus 网络一般采用的"问-答"形式通信中，该网络中主机数量为（　　）。

　　A. 1 个　　　　　　　　　　　　B. 2 个

　　C. 3 个　　　　　　　　　　　　D. 不限

2. 填空题

（1）通过 RS-485 网络上报数据到网关时，如果数据域为两个字节，并且高字节为温度值，当上报的数据域中的数据是 0x1840 时，上传的温度是_____℃。

（2）在 Modbus 网络中，当主机需要向所有的从机发送请求报文时，该请求报文的设备地址为_____。

3. 简答题

（1）常见的串行通信接口标准有哪些？

（2）说说 RS-485 通信标准的特点？

【拓展任务】

请在现有任务的基础上添加功能，具体要求如下。

在不影响已有功能的前提下，在从机节点 2 添加"当可燃气体浓度超过阈值时，自动开启警报"功能；在主机节点添加"可远程控制警报的开关"功能。

项目2
生产线环境监测系统

02

【学习目标】

1. 知识目标

（1）学习 CAN 总线的基本概念。

（2）学习 CAN 总线网络的通信原理。

（3）学习基于 CAN 总线的生产线环境监测系统的设计与实现方法。

2. 技能目标

（1）掌握基于 CAN 总线进行传感网应用开发的技能。

（2）具备基于 CAN 总线通信协议软件的开发能力。

（3）掌握搭建 CAN 总线网络及编程实现组网通信的方法。

3. 素养目标

培养锲而不舍的研发精神。

【项目概述】

各种场景下的环境监测，对于环境保护起着重要的作用，如学校、工厂的隐患监测和森林的火灾监测等。如何有效地监测相关的数据，成为研究的重点。生产线的主要隐患有火灾、机器伤人、人员密集踩踏等。本项目主要通过 CAN 总线通信来实现生产线内部环境的温度、湿度的监测。

【知识准备】

2.1 应用场景介绍

在传统的温湿度传感器采集数据应用场景中，CAN 和 RS-485 两种通信协议的具体差异表现在数据传输的速率和距离上，RS-485 的最大传输速率是要远远高于 CAN 总线的，但在数据传输的距离上，情况却反了过来，RS-485 的数据传输距离只有 CAN 总线的十分之一。在可连接节点设备数量上，RS-485 大概是 CAN 总线的两倍。CAN 总线将全部传感器串连到一起，具备高可靠性、高性能、功能完善和成本较低等优势，最初应用于汽车工业，后来慢慢向多领域渗透，航空工业、医疗、能源等将成为其新的应用领域。为了监测生产线内各点的实时环境温湿度，生产线需要建立 CAN 总线网络，它可实现多个节点之间数据的双向收发功能。

2.2 CAN 总线基础知识

2.2.1 CAN 总线概述

CAN 是由德国博世（Bosch）公司于 1983 年开发出来的，最早被应用于汽车内部控制系统的监测与执行机构间的数据通信，是国际上应用最广泛的现场总线之一。

CAN 总线通信使用串行数据传输方式，当 CAN 总线上某一个节点以报文形式广播发送数据时，其他节点无论数据是否发送给自己，都对其进行接收。

CAN 总线的主要特性如下。

① 很远的数据传输距离（长达 10km）。

② 高速的数据传输速率（高达 1Mbit/s）。

③ 优秀的仲裁机制。

④ 使用筛选器实现多地址的数据帧传递。

⑤ 借助遥控帧实现远程数据请求。

⑥ 错误检测与处理功能。

⑦ 数据自动重发功能。

⑧ 某一节点发生故障时可自动脱离总线且不影响其他节点的正常工作。

2.2.2 CAN 技术规范与标准

1991 年 9 月，飞利浦（Philips）半导体公司制定并发布了 CAN 技术规范 CAN 2.0A/B。其中 2.0A 版本技术规范只定义了 CAN 标准报文格式，而 2.0B 版本技术规范则同时定义了 CAN 标准报文和扩展报文两种格式。1993 年 11 月，国际标准化组织（International Organization for Standardization，ISO）正式颁布了 CAN 国际标准 ISO11898 与 ISO11519。ISO11898 标准的 CAN 通信数据传输速率为 125k～1Mbit/s，适合高速通信应用场景；而 ISO11519 标准的 CAN 通信数据传输速率在 125kbit/s 以下，适合低速通信应用场景。

CAN 技术规范主要对开放系统互连（Open Systems Interconnection，OSI）基本参照模型中的物理层（部分）、数据链路层和传输层（部分）进行了定义，ISO11898 与 ISO11519 标准则对数据链路层及物理层（部分）进行了标准化，如图 2-1 所示。

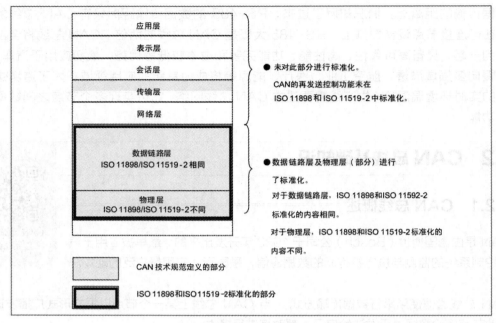

图2-1　OSI 基本参照模型

常见的 CAN 标准如表 2-1 所示。

表 2-1　常见的 CAN 标准

序号	标准名称	制定组织	传输速率/（bit/s）	物理层线缆规格	适用设备
1	SAE J1939-11	SAE	250k	双线式、屏蔽双绞线	卡车、大客车
2	SAE J1939-12	SAE	250k	双线式、屏蔽双绞线	农用机械
3	SAE J2284	SAE	500k	双线式、双绞线	汽车（高速:动力、传动系统）
4	SAE J24111	SAE	33.3k、83.3k	单线式	汽车（低速:车身系统）
5	NMEA 2000	NMEA	62.5k、125k、250k、500k、1M	双线式、屏蔽双绞线	船舶
6	DeviceNet	ODVA	125k、250k、500k	双线式、屏蔽双绞线	工业设备
7	CANopen	CiA	10k、20k、50k、125k、250k、500k、800k、1M	双线式、双绞线	工业设备
8	SDS	Honeywell	125k、250k、500k、1M	双线式、屏蔽双绞线	工业设备

2.2.3　CAN 总线的报文信号电平

总线上传输的信息被称为报文，不同的总线标准，其报文信号电平也不相同。如 ISO11898 和

ISO 11519 标准在物理层的定义不同，两者的报文信号电平也不尽相同。CAN 总线上的报文信号使用差分电压传送。图 2-2 展示了 ISO 11898 标准的 CAN 总线报文信号电平。

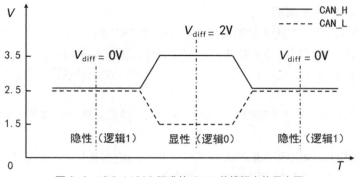

图 2-2　ISO 11898 标准的 CAN 总线报文信号电平

图 2-2 中的实线表示 CAN 总线的信号线 CAN_H，虚线表示 CAN_L。静态时两条信号线上电平电压均为 2.5V 左右（电位差为 0V），此时的状态为逻辑 1（或称"隐性电平"状态）。当 CAN_H 上的电压为 3.5V 且 CAN_L 上的电压为 1.5V 时，两条信号线的电位差为 2V，此时的状态为逻辑 0（或称"显性电平"状态）。

2.2.4　CAN 总线网络拓扑结构与节点硬件

CAN 总线网络拓扑结构如图 2-3 所示，包含两个网络。其中一个是遵循 ISO11898 标准的高速 CAN 总线网络（传输速率为 500kbit/s），它被应用在汽车动力与传动系统，是闭环网络，总线最大长度为 40m，要求两端各有一个 120Ω 的电阻。另一个是遵循 ISO11519 标准的低速 CAN 总线网络（传输速率为 125kbit/s），它被应用在汽车车身系统，它的两根总线是独立的，不形成闭环，总线长度可达 1000m 要求每根总线上各串联一个 2.2kΩ的电阻。

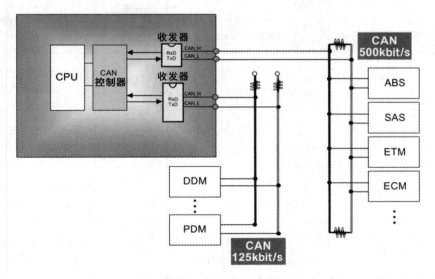

图 2-3　CAN 总线网络拓扑结构

2.2.5 CAN 总线的传输介质

1. 传输介质选择的注意事项

CAN 总线上的报文信号使用差分电压传送，有两种信号电平，分别是"隐性电平"和"显性电平"。因此，在选择 CAN 总线的传输介质时，需要关注以下注意事项。

① 物理介质必须支持"显性"和"隐性"状态，同时在总线仲裁时，"显性"状态可支配"隐性"状态。

② 双线结构的总线必须使用终端电阻抑制信号反射，并且采用差分信号传输以减弱电磁干扰的影响。

③ 使用光学介质时，隐性电平通过状态"暗"表示，显性电平通过状态"亮"表示。

④ 同一段 CAN 总线网络必须采用相同的传输介质。

2. 双绞线

双绞线目前已在很多 CAN 总线分布式系统中得到广泛应用，如汽车电子系统、电力系统、电梯控制系统和远程传输系统等。双绞线具有以下特点。

① 采用抗干扰的差分信号传输方式。

② 技术上容易实现，造价比较低廉。

③ 对环境电磁辐射有一定的抑制能力。

④ 随着频率的增长，其线对的衰减值迅速增高。

⑤ 最大总线长度可达 40m。

⑥ 适合传输速率为 5k～1Mbit/s 的 CAN 总线网络。

ISO 11898 标准推荐的电缆参数如表 2-2 所示。

表 2-2　ISO 11898 标准推荐的电缆参数

总线长度/m	电缆		终端电阻（精度 1%）/Ω	最大传输速率
	直流电阻率/ mΩ·m⁻¹	导线截面积/mm²		
0～40	70	0.25～0.34（导线型号：AWG23，AWG22）	124	1Mbit/s（在总长度为 40m 时，可以达到的最大传输速率）
40～300	<60	0.34～0.60（导线型号：AWG22，AWG20）	127	500kbit/s（在总长度为 100m 时，可以达到的最大传输速率）
300～600	<40	0.50～0.60（导线型号：AWG20）	127	100kbit/s（在总长度为 500m 时，可以达到的最大传输速率）
600～1000	<26	0.75～0.80（导线型号：AWG18）	127	50kbit/s（在总长度为 1km 时，可以达到的最大传输速率）

使用双绞线构成 CAN 总线网络时的注意事项如下。

① 网络的两端必须各有一个 120Ω 左右的终端电阻。

② 支线尽可能短。

③ 确保不在干扰源附近部署 CAN 总线网络。

④ 所用电缆的电阻越小越好，以避免线路压降过大。

⑤ CAN 总线的传输速率取决于传输线的延时，通信距离随着传输速率减小而增加。

3. 光纤

光纤 CAN 总线网络可选用石英光纤或塑料光纤作为传输介质，其拓扑结构有以下几种。

① 总线型：由一根用于共享的光纤总线作为主线路，各个节点使用总线耦合器和站点耦合器实现与主线路的连接。

② 环形：每个节点与相邻的节点进行点对点相连，所有节点形成闭环。

③ 星形：网络中有一个中心节点，其他节点与中心节点进行点对点相连。

光纤与双绞线、同轴电缆相比，有以下优点：

① 光纤的传输损耗低，中继距离大大增加。

② 光纤不辐射能量、不导电、没有电感。

③ 光纤不存在串扰或光信号相互干扰的影响。

④ 光纤不存在线路接头的感应耦合而导致的安全问题。

⑤ 光纤具有强大的抗电磁干扰的能力。

2.2.6 CAN 通信帧介绍

2-2 微课

CAN 通信帧介绍

1. CAN 通信帧类型

CAN 总线数据通信有 5 种类型的通信帧，它们的类型和用途如表 2-3 所示。

表 2-3 CAN 总线的通信帧类型和用途

序号	帧类型	帧用途
1	数据帧	用于发送单元向接收单元传送数据
2	遥控帧	用于接收单元向具有相同 ID 的发送单元请求数据
3	错误帧	用于当检测出错误时向其他单元通知错误
4	过载帧	用于接收单元通知发送单元其尚未做好接收准备
5	帧间隔	用于将数据帧及遥控帧与前面的帧分离开

2. 数据帧

数据帧由 7 个段构成，如图 2-4 所示。图中深灰色底的位为显性电平，浅色底的位为显性或隐性电平，白色底的位为隐性电平（下同）。

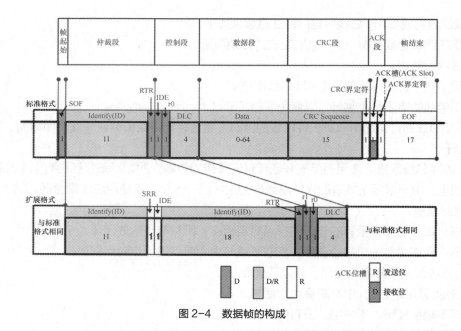

图 2-4　数据帧的构成

（1）帧起始（Start of Frame）。

帧起始表示数据帧和远程帧的起始，仅由一个显性电平构成。CAN 总线的同步规则规定，只有当总线处于空闲状态（总线电平呈现隐性状态）时，才允许站点开始发送信号。

（2）仲裁段（Arbitration Field）。

仲裁段是表示帧优先级的段。标准帧与扩展帧的仲裁段格式有所不同：标准帧的仲裁段由 11 位的标识符 ID 和远程发送请求（Remote Transmission Request，RTR）位构成；扩展帧的仲裁段由 29 位的标识符 ID、替代远程请求（Substitute Remote Request，SRR）位、标志符扩展（Identifier Extension，IDE）位和 RTR 位构成。

RTR 位用于指示帧类型，数据帧的 RTR 位为显性电平，而遥控帧的 RTR 位为隐性电平。

SRR 位只存在于扩展帧中，与 RTR 位对齐，为隐性电平。因此当 CAN 总线对标准帧和扩展帧进行优先级仲裁时，在两者的标识符 ID 部分完全相同的情况下，扩展帧相对标准帧而言处于失利状态。

（3）控制段（Control Field）。

控制段是表示数据的字节数和保留位的段，标准帧与扩展帧的控制段格式不同。标准帧的控制段由 IDE 位、保留位 r0 和 4 位的数据长度码（Data Length Code，DLC）构成。扩展帧的控制段由保留位 r1、r0 和 4 位的数据长度码构成。IDE 位用于指示数据帧为标准帧还是扩展帧，标准帧的 IDE 位为显性电平。数据长度码与字节数的关系如表 2-4 所示。其中"D"表示显性电平（逻辑 0），"R"表示隐性电平（逻辑 1）。

表 2-4　数据长度码与字节数的关系

数据字节数	数据长度码			
	DLC_3	DLC_2	DLC_1	DLC_0
0	D(0)	D(0)	D(0)	D(0)
1	D(0)	D(0)	D(0)	R(1)

续表

数据字节数	数据长度码			
	DLC$_3$	DLC$_2$	DLC$_1$	DLC$_0$
2	D(0)	D(0)	R(1)	D(0)
3	D(0)	D(0)	R(1)	R(1)
4	D(0)	R(1)	D(0)	D(0)
5	D(0)	R(1)	D(0)	R(1)
6	D(0)	R(1)	R(1)	D(0)
7	D(0)	R(1)	R(1)	R(1)
8	R(1)	D(0)	D(0)	D(0)

（4）数据段（Data Field）。

数据段用于承载数据的内容，它可包含 0~8 个字节的数据，从 MSB 开始输出。

（5）CRC 段（CRC Field）。

CRC 段是用于检查帧传输是否错误的段，它由 15 位的 CRC 序列（CRC Sequence）和 1 位的 CRC 界定符（用于分隔）构成。CRC 序列是根据多项式生成的 CRC 值，其计算范围包括帧起始、仲裁段、控制段和数据段。

（6）ACK 段（Acknowledge Field）。

ACK 段是用于确认接收是否正常的段，它由 ACK 槽（ACK Slot）和 ACK 界定符（用于分隔）构成，长度为 2 位。

（7）帧结束（End of Frame）。

帧结束（EOF）用于表示数据帧的结束，它由 7 位的隐性位构成。

3. 遥控帧

遥控帧的构成如图 2-5 所示。与数据帧相比，遥控帧除了没有数据段，其他段的构成均与数据帧相同。

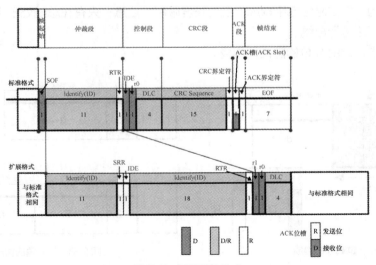

图 2-5　遥控帧的构成

4. 错误帧

错误帧用于在接收和发送消息时检测出错误并通知错误，它的构成如图2-6所示。它由错误标志和错误界定符构成。错误标志包括主动错误标志和被动错误标志。主动错误标志由6位显性位构成，被动错误标志则由8位隐性位构成。

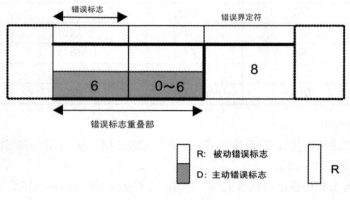

图2-6 错误帧的构成

5. 过载帧

过载帧是接收单元用于通知发送单元其尚未完成接收准备的帧，它的构成如图2-7所示。它由过载标志和过载界定符构成。过载标志的构成与主动错误标志的构成相同，由6位显性位构成。过载界定符的构成与错误界定符的构成相同，由8位隐性位构成。

6. 帧间隔

帧间隔是用于分隔数据帧和遥控帧的帧。数据帧和遥控帧可通过插入帧间隔将本帧与前面的任何帧（数据帧、遥控帧、错误帧或过载帧等）隔开，但错误帧和过载帧前不允许插入帧间隔。帧间隔的构成如图2-8所示，其构成元素有3个。

一是间隔，它由3位隐性位构成。

二是总线空闲，它由隐性电平构成，且无长度限制。注意：只有在总线处于空闲状态下，要发送的单元才可以开始访问总线。

三是延迟传送，它由8位的隐性位构成。

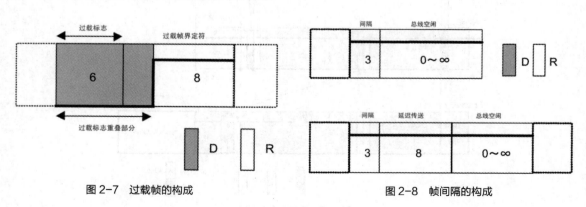

图2-7 过载帧的构成　　　　　图2-8 帧间隔的构成

2-3 微课

CAN 优先级与位
时序

※2.2.7 CAN 优先级与位时序

1. CAN 优先级仲裁

CAN 总线上可以挂载多个 CAN 控制单元，每个单元都可作为主机进行数据的收发。在总线空闲态，最先开始发送消息的单元获得发送权，即仅有一个单元可以占有总线并发送数据。但如果有多个单元同时准备发送数据，它们监测信道为空闲后在同一时刻将数据发送出来，这就会产生冲突，从而引出优先级的概念。不同的通信帧，优先级仲裁过程不同。

（1）数据帧和遥控帧的优先级。

具有相同的标识符 ID 的数据帧和遥控帧在 CAN 总线上竞争时，由于数据帧仲裁段的最后一位（指针（Pointer，PTR）位）为显性电平，而遥控帧中相应的位为隐形电平，因此数据帧具有优先权，可继续发送。

图 2-9 展示了具有相同标识符 ID 的数据帧与遥控帧的仲裁过程。

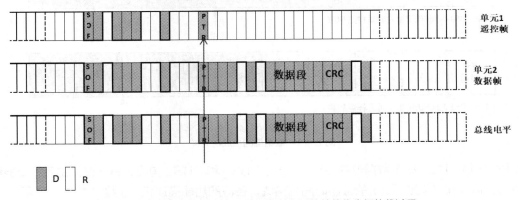

图 2-9　具有相同标识符 ID 的数据帧与遥控帧的优先级仲裁过程

（2）标准数据帧和扩展数据帧的优先级。

具有相同标识符 ID 的标准数据帧与扩展数据帧在总线上竞争时，标准数据帧的 PTR 位为显性电平，而扩展数据帧中相同位置的 SRR 位为隐性电平，因此标准数据帧具有优先权，可继续发送。

图 2-10 展示了具有相同标识符 ID 的标准数据帧与扩展数据帧的优先级仲裁过程。

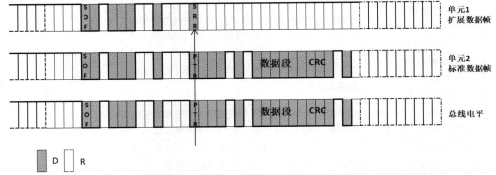

图 2-10　具有相同标识符 ID 的标准数据帧与扩展数据帧的优先级仲裁过程

2. 位时序

CAN 通信属于异步通信，收发单元之间没有同步信号。发送单元与接收单元之间无法做到完全同步，即收发单元存在时钟频率误差。传输路径上的相位延迟也会引起同步误差。因此接收单元方面必须采取相应的措施调整接收时序，以确保接收数据的准确性。

CAN 总线上的收发单元使用约定好的传输速率进行通信，为了实现收发单元之间的同步，CAN 技术规范将每个数据位分解成图 2-11 所示的 4 段。

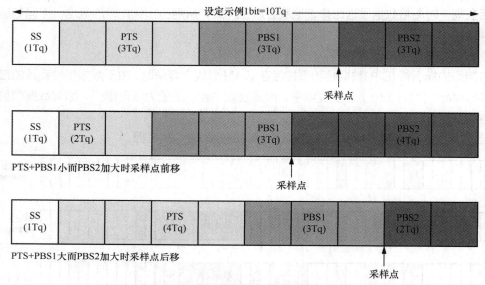

图 2-11　数据位的构成与采样

从图 2-11 可知，每个数据位由 SS、PTS、PBS1 和 PBS2 构成，每个段又由若干个被称为"Time Quantum"（记作 Tq）的最小时间片构成。各段的功能描述和 Tq 数如表 2-5 所示。

从图 2-11 中可以看到，数据位的"采样点"位于 PBS1 和 PBS2 的交界处。由于采样点位置的不确定性，为保证传输的可靠性，只有当接收单元的时序与总线时序同步后，采集的电平才稳定。

表 2-5　各段的功能描述和 Tq 数

段名称	段解释	描述	Tq 数	
SS	同步段（Synchronization Segment）	收发单元之间的时序同步。若接收单元检测到信号在 SS 内，则表示接收时序与 CAN 总线是同步的	1Tq	
PTS	传播时间段（Propagation Time Segment）	指发送单元的输出延迟、信号传播延迟、接收单元的输入延迟等	1~8Tq	8~25Tq
PBS1	相位缓冲段 1（Phase Buffer Segment 1）	和 PBS2 一起补偿收发单元由于时钟不同步引起的误差，通过加长 PBS1 的时间来吸收误差	1~8Tq	
PBS2	相位缓冲段 2（Phase Buffer Segment 2）	和 PBS1 一起补偿收发单元由于时钟不同步引起的误差，通过缩短 PBS2 时间来吸收误差	2~8Tq	

2.3　系统设备选型

2.3.1　M3 主控模块

图 2-12 所示为 M3 主控模块。

相关的硬件资源说明如下。

标号①：CAN 通信收发器，型号为 SN65HVD230。

标号②：CAN 总线接线端子 1，杜邦线接口。

标号③：CAN 总线接线端子 2，香蕉线接口。

图 2-12　M3 主控模块

2.3.2　CAN 控制器与收发器

1. CAN 节点的硬件构成

在学习 CAN 控制器与收发器之前，需先了解一下 CAN 总线上单个节点的硬件架构，如图 2-13 所示。

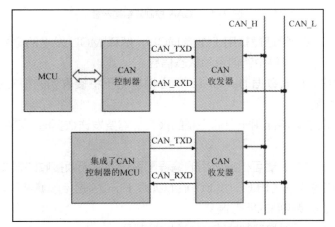

图 2-13　CAN 总线上单个节点的硬件架构

从图 2-13 中可以看到，CAN 总线上单个节点的硬件架构有两种方案，其对比如表 2-6 所示。

表 2-6　CAN 两种硬件架构方案对比

内容	独立 CAN 控制器	集成 CAN 控制器
优点	可移植性好	电路简单
缺点	占用硬件资源，成本高	用户编写的 CAN 驱动程序只适用特定系统，可移植性较差

2. CAN 控制器

CAN 控制器是一种实现"报文"与"符合 CAN 规范的通信帧"之间相互转换的器件，它与 CAN 收发器相连，以便与其他节点进行信息交换。

（1）CAN 控制器的分类。

CAN 控制器主要分为两类：一类是独立的 MCU，如 NXP（恩智浦）半导体公司（下称 NXP 半导体）的 MCP2515、SJA1000 等；另一类与 MCU 集成在一起，如 NXP 半导体的 P87C591 系列和 LPC11C 系列 MCU、ST 公司的 STM32F103 系列和 STM32F407 系列 MCU 等。

（2）CAN 控制器的工作原理。

CAN 控制器结构示意如图 2-14 所示。

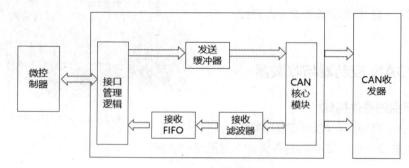

图 2-14　CAN 控制器结构示意

① 接口管理逻辑。接口管理逻辑用于连接 MCU，解释 MCU 发送的命令，控制 CAN 控制器寄存器的寻址，并向 MCU 提供中断信息和状态信息。

② CAN 核心模块。接收数据时，CAN 核心模块用于将接收到的报文由串行流转换为并行数据。发送数据时则相反。

③ 发送缓冲器。发送缓冲器用于存储完整的报文。需要发送数据时，CAN 核心模块从发送缓冲器读取报文。

④ 接收滤波器。接收滤波器可根据所用的编程配置过滤掉无须接收的报文。

⑤ 接收 FIFO。接收先进先出（First In First Out，FIFO）是接收滤波器与 MCU 之间的接口，用于存储从 CAN 总线上接收到的所有报文。

（3）了解 STM32 下系列微控制器的 bxCAN 控制器。

STM32F 系列 MCU 内部集成了 CAN 控制器，bxCAN 控制器含有 3 个发送邮箱，两个具有 3 级深度的接收 FIFO。

① bxCAN 控制器的工作模式与测试模式。bxCAN 控制器有 3 种工作模式：初始化、正常和睡眠。当硬件复位后，bxCAN 控制器进入睡眠模式以减低功耗，通过软件相关操作，进入初始化模式。一旦初始化完成，软件必须向硬件请求进入正常模式，这样才能在 CAN 总线上进行同步，并开始收发数据。

另外 bxCAN 控制器还提供了测试模式，包括静默、回环与静默回环组合。用户通过配置位时序寄存器 CAN_BTR 的"SILM"与"LBKM"位段可以控制 bxCAN 控制器在正常模式与 3 种测试模式之间进行切换。bxCAN 控制器的正常模式与测试模式的工作示意如图 2-15 所示。

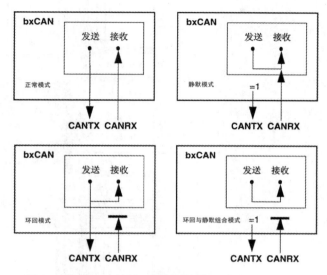

图 2-15　bxCAN 控制器的正常模式与测试模式的工作示意

正常模式与测试模式的功能描述如表 2-7 所示。

表 2-7　正常模式与测试模式的功能描述

模式	功能描述
正常模式	可正常地向 CAN 总线发送数据或从总线上接收数据
静默模式	只能向 CAN 总线发送数据 1（隐性电平），不能发送数据 0（显性电平），但可以正常地从总线上接收数据。由于这种模式发送的隐性电平不会影响总线的电平状态，故称为静默模式
环回模式	向 CAN 总线发送的所有内容同时会直接传到接收端，但无法接收总线上的任何数据。这种模式一般用于自检
环回与静默组合模式	这种模式是静默模式与环回模式的组合，同时具有两种模式的特点

② bxCAN 控制器组成。由图 2-16 可以看出，bxCAN 控制器的组成部分包含 CAN 控制核心、CAN 发送邮箱、CAN 接收 FIFO 和筛选器。

a. CAN 控制核心。

CAN 2.0B 活动内核包含各种控制、状态和配置寄存器，应用程序使用这些寄存器可完成波特率配置、请求发送、处理接收等相关操作。

b. CAN 发送邮箱。

bxCAN 控制器有 3 个 CAN 发送邮箱，可缓存 3 个待发送的报文，并由发送调度程序决定先发送哪个邮箱的内容。

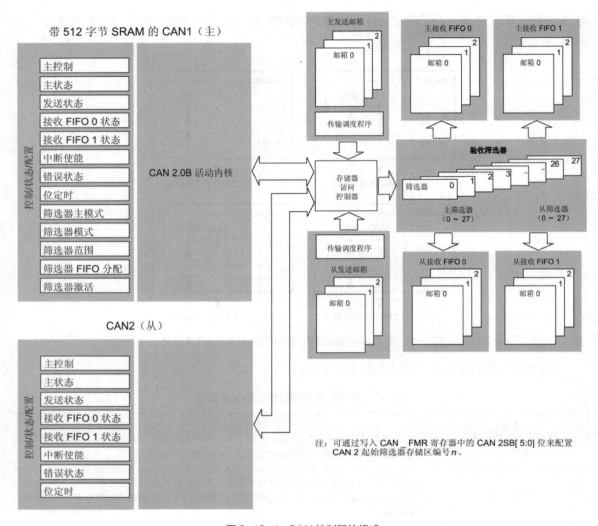

图 2-16 bxCAN 控制器的组成

每个 CAN 发送邮箱都包含 4 个与数据发送功能相关的寄存器，它们的具体名称与功能如下所示。

标识符寄存器（CAN_TIxR）：用于存储待发送报文的标准 ID、扩展 ID 等信息；

数据长度控制寄存器（CAN_TDTxR）：用于存储待发送报文的数据长度 DLC 段信息；

低位数据寄存器（CAN_TDLxR）：用于存储待发送报文数据段的低 4 个字节内容；

高位数据寄存器（CAN_TDHxR）：用于存储待发送报文数据段的高 4 个字节内容。

c. CAN 接收 FIFO。

bxCAN 控制器有两个 CAN 接收 FIFO，主、从接收 FIFO，分别具有 3 级深度，即每个接收 FIFO 中有 3 个接收邮箱，共可缓存 6 个接收到的报文。为了节约 CPU 负载、简化软件设计并保证数据的一致性，接收 FIFO 完全由硬件进行管理。接收到报文时，接收 FIFO 的报文计数器自增。反之，接收 FIFO 中缓存的数据被取走后，报文计数器自减。应用程序通过查询 CAN 接收 FIFO

寄存器（CAN_RFxR）可以获知当前接收 FIFO 中挂起的消息数。

与发送邮箱类似，每个接收 FIFO 也包含 4 个与数据接收功能相关的寄存器，它们的具体名称和功能如下所示。

标识符寄存器（CAN_RIxR）：用于存储接收报文的标准 ID、扩展 ID 等信息；

数据长度控制寄存器（CAN_RDTxR）：用于存储接收报文的数据长度 DLC 段信息；

低位数据寄存器（CAN_RDLxR）：用于存储接收报文数据段的低 4 个字节内容；

高位数据寄存器（CAN_RDHxR）：用于存储接收报文数据段的高 4 个字节内容。

d. 筛选器。

bxCAN 控制器为应用程序提供了 14 个可配置可调整的硬件筛选器组（编号 0 ~ 13），进而节省软件筛选所需的 CPU 资源。每个筛选器组包含两个 32 位寄存器，分别是 CAN_FxR0 和 CAN_FxR1。

筛选器参数配置涉及的寄存器有 CAN 筛选器主寄存器（CAN_FMR）、模式寄存器（CAN_FM1R）、尺度寄存器（CAN_FS1R）、FIFO 分配寄存器（CAN_FFA1R）和激活寄存器（CAN_FA1R）。在使用过程中，需要对筛选器进行以下配置。

（a）配置筛选器的模式（Filter Mode）。用户通过配置模式寄存器（CAN_FM1R）可将筛选器配置成"标识符掩码"模式或"标识符列表"模式。标识符掩码模式将允许接收的报文标识符 ID 的某几位作为掩码，筛选时，只需将掩码与待收报文的标识符 ID 中相应的位进行比较，若相同则接收该报文。标识符掩码模式也可以理解成"关键字搜索"。标识符列表模式将所有允许接收的报文标识符 ID 制作成一个列表，筛选时，如果待收报文的标识符 ID 与列表中的某一项完全相同，则筛选器接收该报文。标识符列表模式也可以理解成"白名单管理"。

（b）配置筛选器的尺度（Filter Scale Configuration）。用户通过配置尺度寄存器（CAN_FS1R）可将筛选器尺度配置为"双 16 位"或"单 32 位"。

（c）配置筛选器的 FIFO 关联情况（FIFO Assignment for Filter x）。用户通过配置 FIFO 分配寄存器（CAN_FFA1R）可将筛选器与"FIFO0"或"FIFO1"相关联。

不同的筛选器模式与尺度的组合构成了 4 种筛选器工作状态，如图 2-17 所示。

表 2-8 所示为筛选器的 4 种工作状态说明。

表 2-8　筛选器的 4 种工作状态说明

序号	工作状态	模式	尺度	说明
1	1 个 32 位筛选器	标识符掩码	32 位	CAN_FxR1 存储 ID，CAN_FxR2 存储掩码，2 个寄存器表示 1 组待筛选的 ID 与掩码。可适用于标准 ID 和扩展 ID
2	2 个 32 位筛选器	标识符列表	32 位	CAN_FxR1 和 CAN_FxR2 各存储 1 个 ID，2 个寄存器表示 2 个待筛选的位 ID。可适用于标准 ID 和扩展 ID

续表

序号	工作状态	模式	尺度	说明
3	2 个 16 位筛选器	标识符掩码	16 位	CAN_FxR1 高 16 位存储 ID，低 16 位存储相应的掩码；CAN_FxR2 高 16 位存储 ID，低 16 位存储相应掩码。2 个寄存器表示 2 组待筛选的 16 位 ID 与掩码。只适用于标准 ID
4	4 个 16 位筛选器	标识符列表	16 位	CAN_FxR1 存储 2 个 ID，CAN_FxR2 存储 2 个 ID，2 个寄存器表示 4 个待筛选的 16 位 ID。只适用于标准 ID

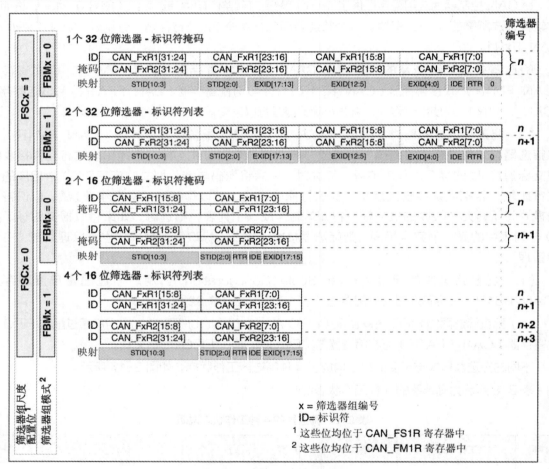

图 2-17 筛选器的 4 种工作状态

3. CAN 收发器

CAN 收发器是 CAN 控制器与 CAN 总线之间的接口，它将 CAN 控制器的"逻辑电平"转换为"差分电平"，并通过 CAN 总线发送出去。

根据 CAN 收发器的特性，可将其分为以下 4 种类型。

① 通用 CAN 收发器。常见型号有 NXP 半导体的 PCA82C250。

② 隔离 CAN 收发器。隔离 CAN 收发器的特性是具有隔离、静电保护（Electro-Static Discharge，ESD）保护及瞬变电压抑制（Transient Voltage Suppressor，TVS）管防总线过压的功能，常见型号有广州致远电子的 CTM1050 系列、CTM8250 系列等。

③ 高速 CAN 收发器。高速 CAN 收发器的特性是支持较高的 CAN 通信速率，常见型号有 NXP 半导体的 SN65HVD230、TJA1050、TJA1040 等。

④ 容错 CAN 收发器。容错 CAN 收发器可以在总线出现破损或短路的情况下保持正常运行，对于易出故障领域的应用具有至关重要的意义，常见型号有 NXP 半导体的 TJA1054、TJA1055 等。

下面以 NXP 半导体的 SN65HVD230 为例，讲解 CAN 收发器的工作原理与典型应用电路，图 2-18 所示为基于 CAN 总线的多机通信系统电路。

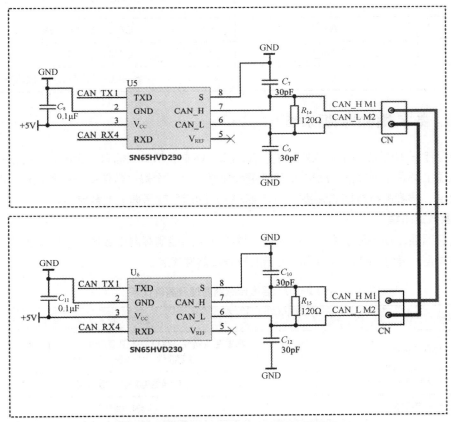

图 2-18　基于 CAN 总线的多机通信系统电路

在图 2-18 中，电阻 R_{14} 与 R_{15} 为终端匹配电阻，其阻值为 120Ω。SN65HVD230 的封装是 SOP-8，RXD 与 TXD 分别为数据接收与发送引脚，它们用于连接 CAN 控制器的数据收发端。CAN_H、CAN_L 两端用于连接 CAN 总线上的其他设备，所有设备以并联的形式接在 CAN 总线上。

目前市面上大多半导体公司生产的 CAN 收发器的引脚分布情况几乎相同，具体的引脚功能描述如表 2-9 所示。

表 2-9　CAN 收发器的引脚功能描述

引脚编号	名称	功能描述
1	TXD	CAN 发送数据输入端（来自 CAN 控制器）
2	GND	接地
3	V_{CC}	接 3.3V 供电
4	RXD	CAN 接收数据输出端（发往 CAN 控制器）
5	S	模式选择引脚； 拉低接地：高速模式； 拉高接 V_{CC}：低功耗模式； 10kΩ至 101kΩ拉低接地：斜率控制模式
6	CAN_H	CAN 总线高电平线
7	CAN_L	CAN 总线低电平线
8	V_{REF}	$V_{CC}/2$ 参考电压输出引脚，一般留空

2.3.3　数字量传感数据采集

数字量是用一组由 0 和 1 组成的二进制代码串，用来表示某个信号的大小。其特征是其变化在时间上和数值上都是不连续的（离散），其数值变化都是某一个最小数量单位的整数倍。在利用相应传感器对温度、湿度进行数据的采集时，传感器输出的信号就是典型的数字量。

1. 温度数据采集

温度传感器通过物体随温度变化而改变某种特性来间接测量温度数据，依据其工作原理可以将其分为多种类型，表 2-10 所示为温度传感器原理及器件代表。

表 2-10　温度传感器原理及器件代表

原理	器件代表
体积热膨胀	体温度器件、水银温度器件、有机液体温度器件、双金属温度器件、液体压力温度器件、气体压力温度器件
电阻变化	铂测温电阻、热敏电阻
温差电现象	热电偶
导磁率变化	热敏铁氧体
压电效应	石英晶体振动器
超声波传播速度变化	超声波温度器件
晶体管特性变化	晶体管半导体温度传感器
可控硅动作特性变化	可控硅温度器件
热、光辐射	辐射温度器件、光学高温器件

温度传感器按测量方式的不同可分为接触式和非接触式两大类。接触式温度传感器在测温过程中会吸收一部分物体温度，从而导致测量精度低。非接触式温度传感器利用被测物体热辐射而发出红外线进行温度测量。正是由于非接触式温度传感器的测量成本低、精度准确、不失真，因此被广泛使用。

2. 湿度数据采集

在采集湿度数据时，通常使用湿度传感器来感受外界湿度变化，并通过器件材料的物理或化学性质变化，将非电学的物理量转换为电学量的器件。湿度的检测较之其他物理量的检测显得困难，这是因为空气中水蒸气含量少，而且液态水会使一些高分子材料和电解质材料溶解，使传感器直接暴露于待测环境中，不能密封。正是如此，选择湿度传感器时，要选择具备稳定性好、响应时间短、寿命长、有互换性、耐污染和受温度影响小等特点的。

在实际生活中，相对湿度为某一被测蒸汽压与相同温度下的饱和蒸汽压的比值的百分数，常用"%RH"表示，它是一个无量纲的值。显然，绝对湿度给出了水蒸气在空间中的具体含量，相对湿度则给出了大气的潮湿程度，故使用更广泛。

3. SHT3X 温湿度传感器

下面以 SHT3X 温湿度传感器（见图 2-19）为例，介绍其具体特性。

图 2-19　SHT3X 温湿度传感器

SHT3X 温湿度传感器将温度感测、湿度感测、信号变换、模数转换和加热等功能集成到一个芯片上，采用 CMOS 过程微加工技术，具有可靠性高、稳定性高、功耗低、反应快、抗干扰能力强等优点。

（1）基本特性：

- 相对湿度和温度的测量；
- 全部校准，数字输出；
- 接口简单（2-wire），响应速度快；
- 超低功耗，自动休眠；
- 出色的长期稳定性；
- 超小体积（表面贴装）。

（2）典型应用：

- 智能环境监控系统；
- 数据采集器、变送器；

- 计量测试。

（3）技术参数：

- 全量程标定，两线数字输出；
- 湿度测量范围：0~100%RH；
- 温度测量范围：-40℃~+123.8℃；
- 湿度测量精度：±3%RH；
- 温度测量精度：±0.4℃；
- 封装：SMD（LCC）。

SHT3X 温湿度传感器的典型工作电路如图 2-20 所示，SHT3X 温湿度传感器通过二线数字串行接口（12C SDA、12C SCL）来访问，所以电路结构较为简单。需要注意的是，DATA 数据线（12C SDA）需要外接上拉电阻。

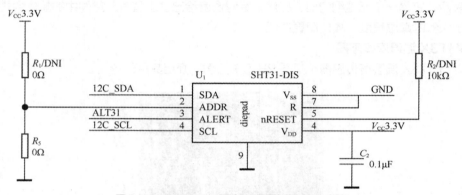

图 2-20　SHT3X 温湿度传感器的典型工作电路

2.4 系统数据通信协议分析

2.4.1 CAN 网络数据帧

本项目案例的 CAN 通信采用标准格式的数据帧，其构成可参考图 2-4，标准格式数据帧的构成如表 2-11 所示。

表 2-11　标准格式数据帧的构成

段类型	帧 ID	帧类型 RTR	标识符 ID 类型 IDE	保留位	数据长度 DLC	数据段 Data[8]
长度	11 位 （标准帧）	1 位	1 位	1 位	4 位	8 字节
内容	标准帧 ID	0：数据帧 1：远程帧	0：标准帧 1：扩展帧	r0	DLC	Data
举例	0x12	0	0	0	0x08	Data[0]~Data[7]

2.4.2 通过 RS-485 网络上报网关的数据帧

网关节点需要通过 RS-485 网络将采集到的传感数据上报至网关。根据本项目案例需求，制定表 2-12 所示的数据帧。

表 2-12 RS-485 网络数据帧

组成部分（缩写）	帧起始符（START）	地址域（ADDR）	命令码域（CMD）	数据长度域（LEN）	传感器类型（TYPE）	数据域（DATA）	校验码域（CS）
长度	1 个字节	2 个字节	1 个字节	1 个字节	1 个字节	2 个字节	1 个字节
内容	固定为 0xDD	DstAddr	见本表格说明	Length	见本表格说明	Data	CheckSum
举例	0xDD	0x12	0x01	0x08	0x01	0x18 0x40	0x51

表 2-12 中各字段说明如下。

帧起始符：固定为 0xDD。

地址域：为发送节点的地址，低位在前，高位在后，如地址为 0x1234，则 DstAddr0=0x34，DstAddr1=0x12。

命令码域：0x01 代表上报 CAN 网络的数据，0x02 代表上报 RS-485 网络的数据。

数据长度域：固定为 0x09。

传感器类型：1 表示温湿度传感器，2 表示人体红外传感器，3 表示火焰传感器，4 表示可燃气体传感器，5 表示空气质量传感器，6 表示光敏传感器，7 表示声音传感器，8 表示红外传感器，9 表示心率传感器，10 其他。

数据域：占 2 个字节，高 8 位和低 8 位，如对应温湿度传感器，高 8 位为温度值，低 8 位为湿度值，则温度 24℃对应 0x18，湿度 64%RH 对应 0x40。

校验码域：采用和校验方式，计算从"帧起始符"到"数据域"之间所有数据的累加和，并将该累加和与 0xFF 按位与而保留低 8 位，将此值作为校验码的值。

【项目实施】

本项目案例要求搭建一个基于 CAN 总线的生产线环境监测系统，系统构成如下。

PC1 台（作为上位机）、网关 1 个、CAN 节点 3 个（1 个 CAN 网关节点、2 个 CAN 终端节点）、温湿度传感器 2 个、USB 接口 CAN 调试器 1 个。

生产线环境监测系统拓扑结构如图 2-21 所示。两个终端节点和一个 CAN 网关节点分别挂载在 CAN 总线上，形成一个 CAN 通信网络。CAN 网关节点与物联网网关组成 RS-485 网络，通过 RS-485 协议上报 CAN 数据。

项目实施前必须先准备好设备和资源：M3 主控模块 3 个、温湿度传感器 2 个、物联网网关 1 个、USB 转 232 转接头 1 个、USB 转 CAN 串口线 1 根、各色香蕉线若干、杜邦线若干、PC1 台。

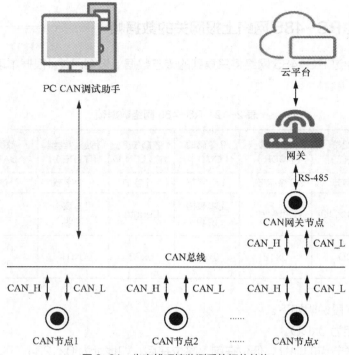

图 2-21　生产线环境监测系统拓扑结构

主要步骤包括：

① 系统搭建；

② 完善工程代码；

③ 编译下载程序；

④ 在云平台上创建项目；

⑤ 测试方案及设计。

2.5　任务 1：系统搭建

2-4　微课

硬件环境搭建

　　生产线环境监测系统需要使用一个 CAN 网关节点和两个 CAN 终端节点。按照图 2-22 所示的生产线环境监测系统硬件连线，进行如下操作。

　　（1）将两个温湿度传感器分别插在两个 CAN 终端节点上。

　　（2）将网关节点与两个终端节点之间的 CAN 节点的 CAN_H 与 CAN_L 端子互相连接，构成一个 CAN 通信网络。

　　（3）将网关 WAN 口通过网线接外网，将网关 LAN 口通过网线连接 PC，PC 需开启 DHCP 或与网关处于同一网段。

　　（4）将网关节点的 RS-485 USART2 的 485A、485B 端子与物联网网关 RS-485 的 A1、B1 互相连接构成一个 RS-485 网络。

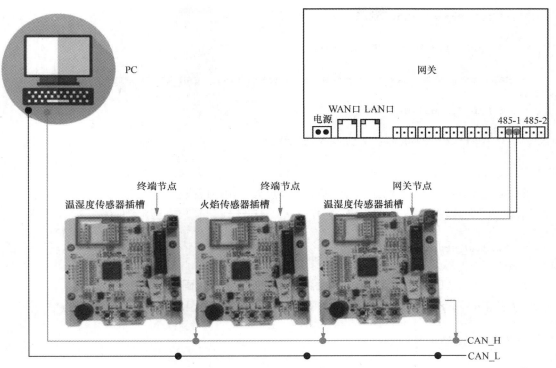

图 2-22　生产线环境监测系统硬件连线

2.6 任务 2: 完善工程代码

2-5　微课

完善工程代码

打开资源包里的 CAN 基础工程。

在 user_can.c 的 CAN_User_Config(CAN_HandleTypeDef* hcan)函数中添加如下粗体代码:

```
void CAN_User_Config(CAN_HandleTypeDef* hcan )
{
    CAN_FilterTypeDef  sFilterConfig;
    HAL_StatusTypeDef  HAL_Status;
    sFilterConfig.FilterBank = 0; //过滤器 0
    sFilterConfig.FilterMode =  CAN_FILTERMODE_IDMASK;//屏蔽位模式
    sFilterConfig.FilterScale = CAN_FILTERSCALE_32BIT; //32 位宽
    sFilterConfig.FilterIdHigh = 0x0000;  //32 位 ID
    sFilterConfig.FilterIdLow  = 0x0000;
    sFilterConfig.FilterMaskIdHigh = 0x0000; //32 位 MASK
    sFilterConfig.FilterMaskIdLow  = 0x0000;
    sFilterConfig.FilterFIFOAssignment = CAN_RX_FIFO0; //接收到的报文放入 FIFO0 中
    sFilterConfig.FilterActivation = ENABLE; //激活过滤器
    sFilterConfig.SlaveStartFilterBank  = 0;
    HAL_Status=HAL_CAN_ConfigFilter(hcan, &sFilterConfig);
    HAL_Status=HAL_CAN_Start(hcan);  //开启 CAN
```

```
    if(HAL_Status!=HAL_OK)
    {
        printf("开启 CAN 失败\r\n");
    }
    HAL_Status=HAL_CAN_ActivateNotification(hcan, CAN_IT_RX_FIFO0_MSG_PENDING);

    if(HAL_Status!=HAL_OK)
    {
        printf("开启挂起中段允许失败\r\n");
    }
}
```

在 user_can.c 的 can_start(void)函数中添加如下粗体代码：

```
void can_start(void)
{
    HAL_CAN_Start(&hcan);
}
```

在 user_can.c 的 can_stop (void)函数中添加如下粗体代码：

```
void can_stop(void)
{
    HAL_CAN_Stop(&hcan);
}
```

在 user_can.c 的 Can_Send_Msg_StdId(uint16_t My_StdId,uint8_tlen，uint8_tType_Sensor)函数中添加如下粗体代码：

```
uint8_t Can_Send_Msg_StdId(uint16_t My_StdId,uint8_t len,uint8_t Type_Sensor)
{
    CAN_TxHeaderTypeDef  TxMeg;
    ValueType ValueType_t;
    uint8_t vol_H,vol_L;
    uint16_t i=0;
    uint8_t data[8];

    TxMeg.StdId=My_StdId;           // 标准标识符
    TxMeg.ExtId=0x00;               // 扩展标示符
    TxMeg.IDE=CAN_ID_STD;           // 标准帧
    TxMeg.RTR=CAN_RTR_DATA;         // 数据帧
    TxMeg.DLC=len;                  // 要发送的数据长度
    for(i=0;i<len;i++)
    {
        data[i]=0;
    }

    data[0] =   Sensor_Type_t;
    data[4] =   (uint8_t)My_StdId;
    printf("Can_Send_Msg_StdId >>My_StdId 标准帧 ID= %x    \r\n",My_StdId);
    printf("Can_Send_Msg_StdId >>Sensor_Type_t %d \r\n",data[0]);
    ValueType_t=ValueTypes(Type_Sensor);
    printf("Can_Send_Msg_StdId >>ValueType_t %d \r\n",ValueType_t);
```

```
    switch(ValueType_t)
    {
        Case Value_ADC:
            vol_H=(vol&0xff00)>>8;
            vol_L=vol&0x00ff;
            data[1]=vol_H;
            data[2]=vol_L;
            printf("Can_Send_Msg_StdId >> Value_ADC TxMessage.Data[1]=%d\r\n",
    data[1]);
            printf("Can_Send_Msg_StdId >> Value_ADC TxMessage.Data[2]=%d\r\n",
    data[2]);
            break;
        case Value_Switch:
            data[1]=switching;
            data[2]=0;
            break;
        case Value_I2C:
            data[1]=sensor_tem;
            data[2]=sensor_hum;
            printf("Can_Send_Msg_StdId >> Value_I2C TxMessage.Data[1]=%d\r\n",
    data[1]);
            printf("Can_Send_Msg_StdId >> Value_I2C TxMessage.Data[2]=%d\r\n",
    data[2]);
            break;
        default:
            break;
    }

    if (HAL_CAN_AddTxMessage(&hcan, &TxMeg, data, &TxMailbox) != HAL_OK)
    {
        printf("Can send data error\r\n");
    }
    else
    {
        printf("Can send data success\r\n");
    }

    return 0;
}
```

在 user_can.c 的 HAL_CAN_RxFifo0MsgPendingCallback(CAN_HandleTypeDef *hcan)
函数中添加如下粗体代码：

```
void HAL_CAN_RxFifo0MsgPendingCallback(CAN_HandleTypeDef *hcan)
{
    CAN_RxHeaderTypeDef RxMeg;
    uint8_t  Data[8] = {0};
    HAL_StatusTypeDef    HAL_RetVal;
    int i;
```

```
    RxMeg.StdId=0x00;
    RxMeg.ExtId=0x00;
    RxMeg.IDE=0;
    RxMeg.DLC=0;

    HAL_RetVal=HAL_CAN_GetRxMessage(hcan,  CAN_RX_FIFO0, &RxMeg,  Data);
    if ( HAL_OK==HAL_RetVal)
    {
        for(i=0;i<RxMeg.DLC;i++)
        {
            Can_data[i]= Data[i];
            printf("%02X ",Data[i]);

        }
        printf("\r\n");
        flag_send_data=1;
    }

}
```

将该工程配置为网关节点工程，在 main.c 的 main(void)函数中添加如下粗体代码：

```
int main(void)
{
  ...
  while (1)
  {

  /* USER CODE END WHILE */
      if(1)
      {
          Value_Type=ValueTypes(Sensor_Type_t);
          switch(Value_Type)
          {
            . ...
          }
          //把本板子的数据发送到网关
          Master_To_Gateway((uint8_t)Can_STD_ID, Value_Type, vol,  switching,
sensor_hum, sensor_tem );
      }
      HAL_Delay(1500);
      //发送从 CAN 总线接收到的其他节点数据至网关
      if(flag_send_data==1)
      {
          CAN_Master_To_Gateway( Can_data,3);
          flag_send_data=0;
      }
      ...
  /* USER CODE BEGIN 3 */
  }
```

```
        /* USER CODE END 3 */
    }
```

添加完成后编译代码，编译成功后，在该工程目录（CAN_BASE\MDK-ARM\CAN_BASE）中找到 CAN_BASE.hex，在资源包:"...\CAN 总线通信应用\"目录下新建文件夹"网关节点固件"，将 CAN_BASE.hex 剪切到"网关节点固件"文件夹中，并将其重命名为 CAN_GATEWAY.hex（注意：此处用剪切操作防止下一步出错）。

然后，将该工程配置为终端节点工程，在 main.c 的 main(void)函数中将上一步添加的代码删除，添加如下新的粗体代码：

```
int main(void)
{
  ...
  while (1)
  {

    /* USER CODE END WHILE */
        if(1)
        {
            Value_Type=ValueTypes(Sensor_Type_t);
            switch(Value_Type)
            {

                ...
            }
            //CAN 节点发送数据至 CAN 总线
            Can_Send_Msg_StdId(Can_STD_ID,8,Sensor_Type_t);
        }
        HAL_Delay(1500);

        ...
    /* USER CODE BEGIN 3 */
  }
  /* USER CODE END 3 */
}
```

添加完成后编译代码，编译成功后，在该工程目录（CAN_BASE\MDK-ARM\CAN_BASE）中找到 CAN_BASE.hex，在资源包:"...\CAN 总线通信应用\"目录下新建文件夹"终端节点固件"，将 CAN_BASE.hex 复制到"终端节点固件"文件夹中。

2.7 任务 3：编译下载程序

2.7.1 节点固件下载

选取两个"M3 主控模块"，下载"节点"固件，路径为"..\CAN 总线通信应用\节点固件"。选取一个"M3 主控模块"，下载"网关节点"固件，路径为"..\CAN 总线通信应用\网关节点固件"。具体下载方式参考项目 1。

2.7.2　节点配置

使用"M3 主控模块配置工具"进行 CAN 节点的配置、单独通电设置，如图 2-23、图 2-24 所示。

如果节点配置失败，请确认烧写节点拨码开关是否拨码正确。

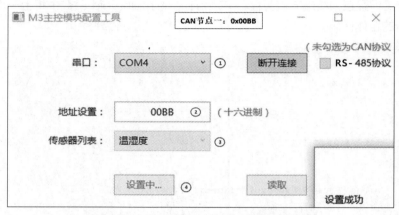

图 2-23　"M3 主控模块配置工具"对话框 1

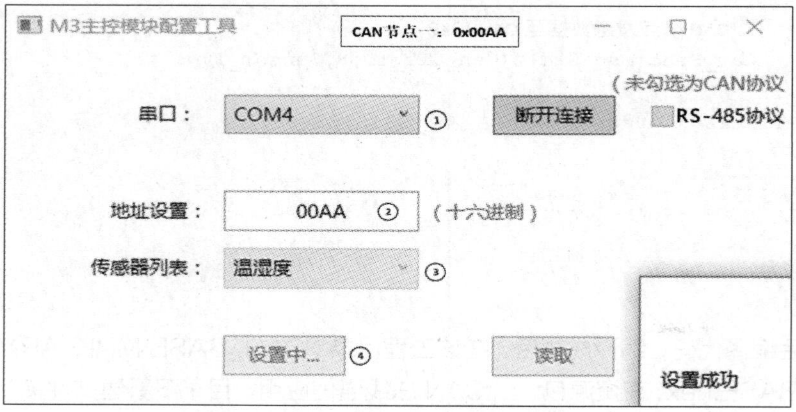

图 2-24　"M3 主控模块配置工具"对话框 2

单击图 2-23 中的"串口"下拉列表框（图 2-23 中的标号①处）进行串行通信口的配置。另外，还有如下两项需要配置的参数。

（1）节点发送数据的标识符 ID，如将标识符 ID 配置为 0x00AA，则需要在图 2-23 中的"地址设置"文本框中输入 00AA（图 2-23 中的标号②处）。

（2）节点所连接的传感器类型，如将传感器类型配置为温湿度传感器，则需要在图 2-24 中的"传感器列表"下拉列表框中选择"温湿度"（图 2-23 中的标号③处）。

最后单击"设置"按钮（图 2-23 中的标号④处）即可完成一个节点的配置。

按照上述步骤，配置另外一个节点的标识符 ID 和传感器类型。

2.8 任务 4：在云平台上创建项目

2-6 微课

演示效果

2.8.1 新建项目

登录云平台新建项目。新建项目过程同第 1.11.1 节。在本项目案例中，设置"项目名称"为"生产线环境监测系统"，"行业类别"选择"工业物联"，"联网方案"选择"以太网"。

项目建立完成的效果如图 2-25 所示。

图 2-25　项目建立完成的效果

2.8.2 添加设备

项目新建完毕后，可为其添加设备，如图 2-26 所示。

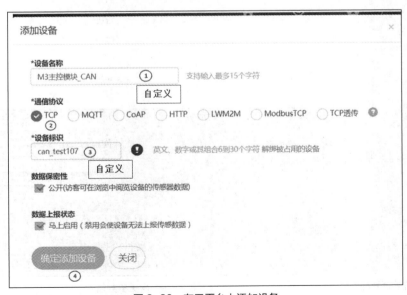

图 2-26　在云平台上添加设备

从图 2-26 中可以看到，需要对"设备名称"（标号①处）、"通信协议"（标号②处）和"设备标识"（标号③处）进行设置。

设备添加完成的效果如图 2-27 所示。

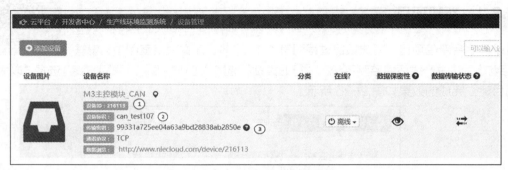

图 2-27　设备添加完成的效果

将图 2-27 中标号①处"设备 ID"、标号②处的"设备标识"和标号③处的"传输密钥"记录，配置网关时需用到这些信息。至此云平台配置完毕。

2.8.3　配置物联网网关接入云平台

登录物联网网关系统管理界面 192.168.14.200:8400（IP 可自行设置+端口号固定），如图 2-28 所示。

单击"云平台接入"标签，按实际情况输入①～⑥处文本框中的信息后单击"设置"按钮（图 2-29 中标号⑦处），如图 2-29 所示。

物联网网关系统将自动重启，20s 左右，网关系统初始化完毕，刷新网页，可以看到网关上线，并自动识别出接入设备的标识，如图 2-30 所示。

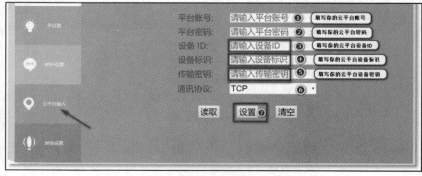

图 2-28　网关系统管理界面　　　　　　　图 2-29　网关参数输入

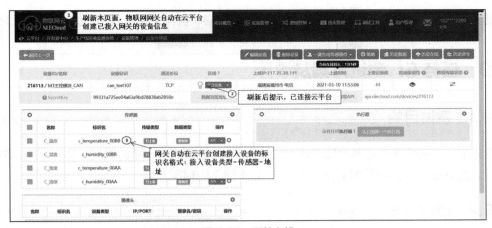

图 2-30 网关上线

2.8.4 系统运行情况分析

用户可查看实时数据，如图 2-31 所示，执行"下发设备"→"实时数据开"（标号①处）命令，打开实时数据显示开关，可以看到实时数据显示在②处，并且每隔 5s 刷新一次。

图 2-31 查看实时数据

用户也可以通过单击"历史数据"链接查看历史数据，如图 2-32 所示。

记录ID	记录时间	传感器ID	传感器名称	传感标识名	传感值/单位	设备标识
2752873258	2021-03-10 11:54:54	959373	C_温度	c_temperature_00AA	22	can_test107
2752873257	2021-03-10 11:54:54	959374	C_湿度	c_humidity_00AA	51	can_test107
2752871262	2021-03-10 11:54:47	959370	C_湿度	c_humidity_00BB	51	can_test107
2752871261	2021-03-10 11:54:47	959369	C_温度	c_temperature_00BB	22	can_test107
2752870262	2021-03-10 11:54:43	959370	C_湿度	c_humidity_00BB	51	can_test107
2752870261	2021-03-10 11:54:43	959369	C_温度	c_temperature_00BB	22	can_test107
2752868016	2021-03-10 11:54:35	959373	C_温度	c_temperature_00AA	22	can_test107
2752868015	2021-03-10 11:54:35	959374	C_湿度	c_humidity_00AA	51	can_test107
2752867187	2021-03-10 11:54:32	959370	C_湿度	c_humidity_00BB	51	can_test107
2752867186	2021-03-10 11:54:32	959369	C_温度	c_temperature_00BB	22	can_test107
2752866330	2021-03-10 11:54:29	959370	C_湿度	c_humidity_00BB	51	can_test107
2752866329	2021-03-10 11:54:29	959369	C_温度	c_temperature_00BB	22	can_test107
2752863862	2021-03-10 11:54:20	959370	C_湿度	c_humidity_00BB	51	can_test107
2752863861	2021-03-10 11:54:20	959369	C_温度	c_temperature_00BB	22	can_test107

图 2-32 查看历史数据

至此生产线环境监测系统的构建完毕，并成功通过物联网网关接入云平台。

2.9 任务 5：测试方案及设计

2.9.1 测试目的

本任务的测试目的是验证两个知识点：CAN 协议传输距离对速率的影响；CAN 协议数据传输线为双线，挂载在总线上的 CAN_H、CAN_L 接线不能相反。

2.9.2 测试方法

1. CAN 协议传输距离对速率的影响

在工程项目基础上，因为 CAN 协议以广播模式收发数据报文，两个终端节点和 1 个网关节点都挂载在 CAN 总线上。所以本次实验以终端节点 1 为测试目标，其他节点保持不变。

打开资源包里的 CAN 基础工程。

（1）在 user_can.c 文件 Can_Send_Msg_StdId()函数中，当 CAN 数据报文发送成功之后 LED1 以 100ms 进行亮灭。

```
uint8_t Can_Send_Msg_StdId(uint16_t My_StdId,uint8_t len,uint8_t Type_Sensor) {
  ...
  if (HAL_CAN_AddTxMessage(&hcan, &TxMeg, data, &TxMailbox) != HAL_OK)
  {
    printf("Can send data error\r\n");
  }
  else
  {
    printf("Can send data success\r\n");
      HAL_GPIO_WritePin(GPIOE,GPIO_PIN_7,GPIO_PIN_RESET);
      delay_ms(100);
      HAL_GPIO_WritePin(GPIOE,GPIO_PIN_7,GPIO_PIN_SET);
  }
  ...
}
```

（2）在 HAL_CAN_RxFifo0MsgPendingCallback()函数中，追加 LED8 以 100ms 进行亮灭。

```
void HAL_CAN_RxFifo0MsgPendingCallback(CAN_HandleTypeDef *hcan)  {
  ...
  HAL_GPIO_WritePin(GPIOE,GPIO_PIN_0,GPIO_PIN_RESET);
    delay_ms(100);
    HAL_GPIO_WritePin(GPIOE,GPIO_PIN_0,GPIO_PIN_SET);
  ...
}
```

程序编译下载，查看数据通信帧。

① CAN 通信网络之间的通信数据帧。

使用上位机软件，打开"CAN 调试助手"（路径：……\CAN 总线通信应用\CAN 调试助手）工具进行通信数据的抓包与分析工作。若系统连接正常，打开"CAN 调试助手"后可出现图 2-33 所示的界面。

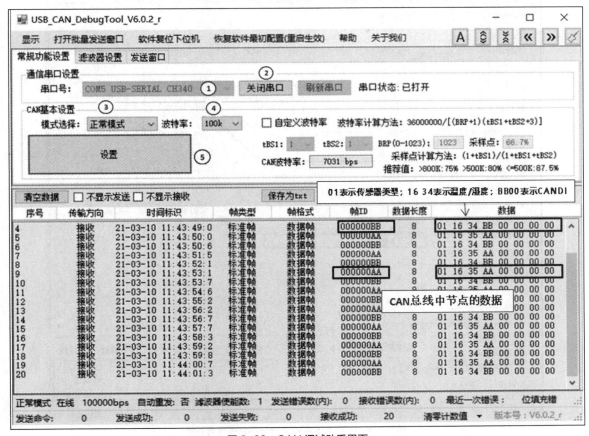

图 2-33　CAN 调试助手界面

在"串口号"下拉列表框中（标号①处）选择正确的串口号，打开串口。在"模式选择"下拉列表框中（标号③处）选择"正常模式"，在"波特率"下拉列表框中（标号④处）选择"100k"通信速率，最后单击"设置"按钮（标号⑤处）即可。

如图 2-33 所示，每一行都是一条 CAN 通信数据帧，其中包含"帧类型""帧格式""帧 ID""数据长度""数据"，这为分析 CAN 通信的数据收发情况提供了便利。

选取图中的一条数据（01 16 34 BB 00 00 00 00），分析如下。

01：传感器类型，01 代表温湿度传感器。

16：温度值为 22℃。

34：湿度值为 52%RH。

② RS-485 网络网关节点上传云平台通信数据帧。

USB 转 RS-232 转接头与 USB 转串口线相连，一端连接在计算机 USB 端口，一端的 T/R+、T/R-与 USART2 的 485A、485B 互相连接。

使用上位机软件，打开"串口调试助手"工具配置相关波特率之后打开串口，进行通信数据的抓包与分析工作，RS-485 网络上报云平台通信数据帧如图 2-34 所示。

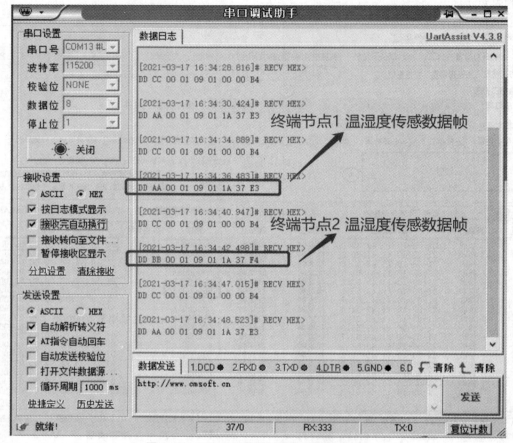

图 2-34　RS-485 网络上报云平台通信数据帧

RS-485 网络上报云平台通信数据帧如表 2-13 所示。

表 2-13　RS-485 网络上报云平台通信数据帧

组成部分（缩写）	帧起始符（START）	地址域（ADDR）	命令码域（CMD）	数据长度域（LEN）	传感器类型（TYPE）	数据域（DATA）	校验码域（CS）
长度	1 个字节	2 个字节	1 个字节	1 个字节	1 个字节	2 个字节	1 个字节
终端节点 1	0xDD	0x00AA	0x01	0x09	0x01（温湿度传感器）	0x1A 0x37	0xE3
终端节点 2	0xDD	0x00BB	0x01	0x09	0x01（温湿度传感器）	0x1A 0x37	0xF4

实验测试接线如图 2-35～图 2-37 所示。

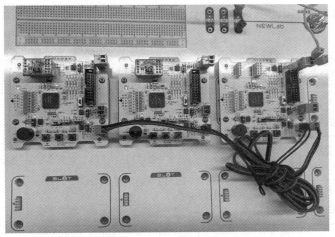

图 2-35　CAN 终端节点 1——1m 接线挂载在 CAN 总线上

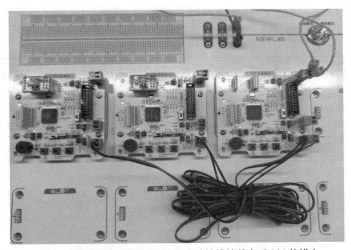

图 2-36　CAN 终端节点 1——5m 接线挂载在 CAN 总线上

图 2-37　CAN 终端节点 1——20m 接线挂载在 CAN 总线上

实验测试结果如表 2-14、表 2-15 所示。

表 2-14　测试结果 1

序号	功能测试项目	测试现象	测试结果
1	终端节点 1 的 CAN_H、CAN_L 采用 1m 的接线挂载在 CAN 总线上	发送灯：LED$_1$； 接收灯：LED$_8$； LED 闪烁顺序为：LED$_1$→LED$_8$	由于测试距离过短，肉眼观察到的传输距离对速率的影响效果不明显
2	终端节点 1 的 CAN_H、CAN_L 采用 5m 的接线挂载在 CAN 总线上		
3	终端节点 1 的 CAN_H、CAN_L 采用 20m 的接线挂载在 CAN 总线上		

2. CAN 协议数据双线传输

挂载在总线上的 CAN_H、CAN_L 接线不能相反，基于以上测试结果进行测试。

表 2-15　测试结果 2

序号	功能测试项目	测试现象	测试结果
1	终端节点 1、终端节点 2、网关节点 CAN_H、CAN_L 分别对应挂载在总线上	发送灯：LED$_1$； 接收灯：LED$_8$； 两盏灯闪烁	正确接线情况下，各个节点收发灯亮灭正确
2	在测试项目 1 的条件下，将终端节点 1 的 CAN_H、CAN_L 反接	发送灯：LED$_1$； 接收灯：LED$_8$； LED$_1$ 闪烁、LED$_8$ 熄灭，无闪烁反应	终端节点 1 通信异常，无法接收数据
3	在测试项目 1 的条件下，将终端节点 2 的 CAN_H、CAN_L 反接	发送灯：LED$_1$； 接收灯：LED$_8$； LED$_1$ 闪烁、LED$_8$ 熄灭，无闪烁反应	终端节点 2 通信异常，无法接收数据
4	在测试项目 1 的条件下，将网关节点的 CAN_H、CAN_L 反接	接收灯：LED$_8$； LED$_8$ 熄灭，无闪烁反应	网关节点通信异常，无法接收数据

【项目小结】

本项目重点在于 CAN 通信协议，需要读者掌握 CAN 通信帧，了解数据帧、遥控帧、错误帧、过载帧、帧间隔等相关通信帧类型，通过抓取 CAN 总线上的数据报文，对其进行数据分析。读者通过生产线环境监测系统项目，对 CAN 通信协议进行理解、掌握，可进一步提升软硬件联调的能力。

【知识巩固】

1. 单选题

（1）采用双线结构的 CAN 总线必须使用（　　）抑制信号反射。

    A．终端电容   B．终端电阻

    C．LC 电路   D．RC 电路

（2）ISO 11898 标准的 CAN 总线的两条信号线 CAN_H 和 CAN_L 的传输的信号为 3.5V 与 1.5V，此时表示的是（　　）。

    A．逻辑 0   B．逻辑 1

    C．总线空闲   D．不确定状态

2. 填空题

（1）CAN 总线的两条信号线 CAN_H 和 CAN_L 的传输的信号为＿＿＿＿＿＿＿。

（2）CAN 总线具有"仲裁"功能，即当多个节点设备同时向总线发送数据时，采用这些数据的逻辑运算值作为总线输出。当两个节点设备同时向总线输出，一个输出"0100"，一个输出"0010"时，总线输出＿＿＿＿＿＿＿。

3. 简答题

（1）CAN 总线的特点有什么？

（2）简述基于本项目 M3 主控模块的 CAN 总线数据发送和接收的典型流程？

【拓展任务】

请在现有任务的基础上，不影响已有功能并添加功能：终端节点 1 的温湿度数据超过阈值，启动风扇模块；网关节点可通过按键控制终端节点 1 风扇模块的开关操作。

项目3
仓储环境监测系统

03

【学习目标】

1. 知识目标
（1）学习无线点对点通信的概念。
（2）学习 BasicRF 技术的原理。
（3）学习使用 BasicRF 技术的方法。

2. 技能目标
（1）掌握在 IAR 开发环境下使用仿真器进行调试下载的方法。
（2）具备基于 BasicRF 通信协议软件的开发能力。
（3）掌握基于 BasicRF 进行无线网络的搭建并编程实现组网通信的方法。

3. 素养目标
在智能家居领域坚持自主可控。

【项目概述】

　　仓库一般都会存储着公司的原材料及待出货的产品，对仓库的环境（也称仓储环境）监测成为保障公司安全的重要一环。仓库通常面临着货物多、空间密集、监管人员少等问题。如何通过短距离通信实现监测相关环境参数是本项目要研究的。本项目通过 BasicRF 技术组建的传感网来实现仓储环境内部的温度、湿度及火焰的监测。

【知识准备】

3.1 应用场景介绍

　　RS-485 和 CAN 总线方案，虽具备高可靠性、高性能、功能完善和成本较低等优势，但初始接线复杂，且不支持监控点位的灵活调整，不适合用于智能安防系统。ZigBee 技术是一种速率低的双向无线网络技术，由 IEEE 802.15.4 无线标准开发而来，具有低复杂度、短距离、低成本和低功耗等优点。TI 公司 CC2530 开发板搭载的 ZigBee 无线网络，工作在 2.4GHz 频段，设有 16

个信道（2405MHz、2410MHz、……、2480MHz）。BasicRF 是 CC2530 开发板支持的一种无线传输的简单点对点通信技术，只包含 IEEE 802.15.4 标准的一小部分，与 ZigBee 共享相同的通信信道，可实现无线短距离传输，具有体积小、能量消耗小和传输速率低等特点。为了监测仓储环境下的温度数据、湿度数据和火焰数据，需要建立一个简单的无线通信网络，可实现单点、多个节点之间数据的双向收发功能。BasicRF 将作为本项目的技术实现方案。

3.2 BasicRF 技术基础知识

3-1 微课

BasicRF 技术
基础知识和
CC2530 介绍

3.2.1 BasicRF 概述

BasicRF 是 TI 公司为 CC253x 芯片提供的 IEEE 802.15.4 / ZigBee 标准的软件解决方案，它以软件包的形式提供。该软件包由硬件层、硬件抽象层（Hardware Abstraction Layer，HAL）、BasicRF 层和应用层构成，每层都提供了相应的应用程序接口（Application Program Interface，API）。其标准数据包功能限制如下。

① 不具备"多跳""设备扫描"功能。

② 不提供多种网络设备（如协调器、路由器等），所有节点设备同级，只能实现点对点数据传输。

③ 传输时会等待信道空闲，但不按 IEEE 802.15.4 CSMA-CA 要求进行两次空频道检测（Clear Channel Assessment，CCA）。

④ 不重传数据。

3.2.2 BasicRF 无线通信初始化

在使用 BasicRF 开发无线通信应用程序时，需要初始化 ZigBee 模块的硬件外设，配置 I/O 端口，设置无线通信的网络 ID、信道、接收和发送模块地址、安全加密等参数。

创建 basicRfCfg_t 数据结构。在 basic_rf.h 文件中可以找到 basicRfCfg_t 数据结构的定义。

```
typedef struct {
    uint16 myAddr;    //本机地址，取值范围为 0x0000 ～ 0xffff，作为识别本模块的地址
    uint16 panId;     //网络 ID，取值范围为 0x0000 ～ 0xffff，如果要建立通信，此参数必须一致
    uint8 channel;    //通信信道，取值范围为 11~26，如果要建立通信，此参数必须一致
    uint8 ackRequest;//应答信号
#ifdef SECURITY_CCM //是否加密，预定义时取消了加密
    uint8* securityKey;
    uint8* securityNonce;
#endif
} basicRfCfg_t;
```

如果两个模块要进行通信，首先要确定它们的"网络 ID"和"通信信道"一致，其次要设置各模块的识别地址，即模块的地址或编号。

为 basicRfCfg_t 型结构体变量 basicRfConfig 填充部分参数。在 main()主函数中有如下 3 行代码。

```
basicRfConfig.panId = PAN_ID;          //宏定义: #define PAN_ID   0x2007
basicRfConfig.channel = RF_CHANNEL;    //宏定义: #define RF_CHANNEL   25
basicRfConfig.ackRequest = TRUE;       //宏定义: #define TRUE 1
```

调用 halBoardInit()函数，对硬件外设和 I/O 端口进行初始化，halBoardInit()函数在 hal_board.c 文件中。

调用 halRfInit()函数，打开射频模块，设置默认配置选项，允许自动确认和允许随机数产生。

3.2.3　BasicRF 关键函数分析

主要 API 函数声明位于 basic_rf.h 文件中，下面对这些函数的功能及其参数含义进行介绍。

（1）uint8 basicRfInit(basicRfCfg_t* pRfConfig)。

函数功能：初始化函数，初始化 BasicRF 层，设置网络 ID、本机地址和信道号等信息。注意：在调用此函数前，必须先调用 HAL 的 halBoardInit()函数初始化硬件外设和射频硬件。

参数：*pRfConfig 是指向 BasicRF 层配置结构体的指针变量。

返回值：初始化成功返回"SUCCESS"，初始化失败返回"FAILED"。

（2）uint8 basicRfSendPacket(uint16 destAddr, uint8* pPayload, uint8 length)。

函数功能：发送函数，发送数据至目标地址的节点。

参数 1：destAddr，发送的目标地址，即接收模块的地址。

参数 2：*pPayload，要发送的数据缓存区地址，该地址的内容是将要发送的数据。

参数 3：length，要发送的数据长度，单位是字节。

返回值：发送成功返回"SUCCESS"，发送失败返回"FAILED"。

（3）uint8 basicRfPacketIsReady(void)。

函数功能：判断 BasicRF 层是否已准备好接收数据。

返回值：准备好返回"TRUE"，否则返回"FALSE"。

（4）uint8 basicRfReceive(uint8* pRxData, uint8 len, int16* pRssi)。

函数功能：接收函数，将 BasicRF 层接收到的数据和 RSSI 值存入预先分配好的缓冲区。

参数 1：*pRxData，存放接收数据的缓冲区地址。

参数 2：len，接收的数据长度，单位是字节。

参数 3：*pRssi，无线信号强度，它与模块的发送功率以及天线的增益有关。

返回值：实际写入缓冲区的数据字节数。

3.3　设备选型

3.3.1　ZigBee 模块

ZigBee 模块（白板）如图 3-1 所示。

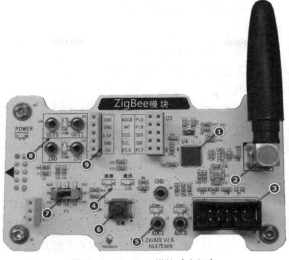

图 3-1　ZigBee 模块（白板）

ZigBee 模块（白板）上相关的硬件资源说明如下。

标号①：CC2530 芯片；

标号②：天线接口，已经连接 ZigBee 模块配套天线；

标号③：调试器接口，用于连接 CC Debugger；

标号④：LED，用于现象指示；

标号⑤：ADC 接口，用于连接外部输入模拟量信号；

标号⑥：按键，用于有按键需求的应用；

标号⑦：拨码开关，向左拨时，CC2530 的 USART0 与 NEWLab 底板相连；向右拨时，USART0 与 J11 接口相连；

标号⑧：输入输出接口，用于连接外部数字量 I/O 信号；

标号⑨：传感器接口，用于连接各种传感器模块。

图 3-2 所示为 ZigBee 模块（黑板）。

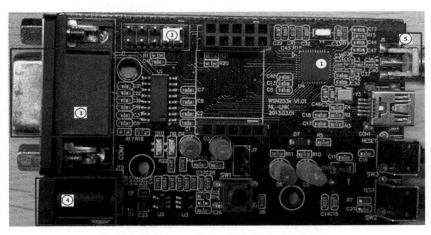

图 3-2　ZigBee 模块（黑板）

ZigBee 模块（黑板）上相关的硬件资源说明如下。

标号①：CC2530 芯片；

标号②：调试器接口，用于连接 CC Debugger；

标号③：COM1 UART 串口线接口，用于数据通信；

标号④：电源线接口，用于供电；

标号⑤：天线接口，已经连接 ZigBee 模块配套天线。

3.3.2　CC2530 介绍

1. 通用 I/O 引脚

CC2530 共有 3 个 I/O 端口，分别是 P0、P1 和 P2 口，其中 P0 和 P1 口各含 8 个 I/O 引脚，P2 口含 5 个 I/O 引脚，共含 21 个 I/O 引脚。上述 I/O 引脚具有如下特性。

（1）可配置为通用 I/O 引脚：可对外输出低电平（逻辑 0）或高电平（逻辑 1），也可输入高低电平。

（2）可配置为外设 I/O 引脚：I/O 引脚可作为 A/D 转换器、定时器或 USART 等外设的功能引脚。

（3）具有 3 种输入模式：上拉、下拉和三态。

（4）具有外部中断功能：I/O 引脚作为外部中断源的输入口。

2. 定时/计数器

定时/计数器是一种能够对时钟信号或外部输入信号进行计数，当计数值达到设定要求时便向中央处理器（Central Processing Unit，CPU）提出处理请求，从而实现定时或计数功能的外设。在单片机中，一般使用 Timer 表示定时/计数器。

CC2530 中共包含 5 个定时/计数器，分别是定时器 1、定时器 2、定时器 3、定时器 4 和睡眠定时器。它又包括"自由运行""模""正计数/倒计数"3 种不同的工作模式。

典型单片机的内部 8 位减 1 计数器工作过程如图 3-3 所示。

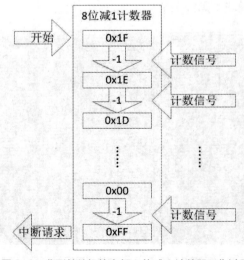

图 3-3　典型单片机的内部 8 位减 1 计数器工作过程

3. ADC 模块

CC2530 的 ADC 模块支持最高 14 位二进制的模拟数字转换，有 12 位的有效数据位。它包括一个模拟多路转换器，具有 8 个各自可配置的通道，以及一个参考电压发生器。其转换结果通过直接存储器访问（Direct Memory Access，DMA）写入存储器，此外它还具有多种运行模式。CC2530 内部的 ADC 模块结构如图 3-4 所示。

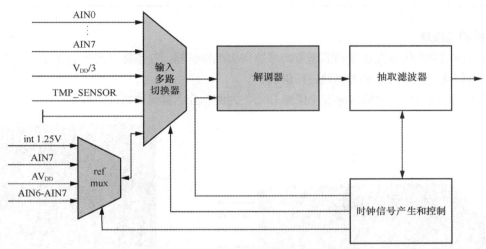

图 3-4　CC2530 内部的 ADC 模块结构

CC2530 的 ADC 模块有以下特征。

① 可选的抽取率，支持设置分辨率从 7～12 位；

② 8 个独立的输入通道，可接收单端或差分信号；

③ 参考电压可选为内部单端、外部单端、外部差分或 $AV_{DD}5$；

④ 转换结束产生中断请求；

⑤ 转换结束时可发出 DMA 触发；

⑥ 可以将片内温度传感器作为输入；

⑦ 电池电压测量功能。

4. 串口通信模块

CC2530 芯片共有 USART0 和 USART1 两个串行通信接口，它能够运行于异步模式（Universal Asynchronous Receive Transmitter，UART）或者同步模式下。这两个串行通信接口具有同样的功能，可以设置单独的 I/O 引脚。使用 GPIO 引脚的 Alt1 或者 Alt2 备用位置，CC25330 串口外设与 GPIO 引脚的对应关系如表 3-1 所示。

表 3-1　CC25330 串口外设与 GPIO 引脚的对应关系

外设功能		P0								P1							
		7	6	5	4	3	2	1	0	7	6	5	4	3	2	1	0
USART0 USART	Alt1			RT	CT	TX	RX										
	Alt2									TX	RX	RT	CT				

续表

外设功能		P0								P1							
		7	6	5	4	3	2	1	0	7	6	5	4	3	2	1	0
USART1 USART	Alt1			RX	TX	RT	CT										
	Alt2									RX	TX	RT	CT				

5. 传感器模块

本项目使用到的传感器主要有温湿度传感器和火焰传感器，在前面已经描述过温湿度传感器，这里就不再赘述，只针对火焰传感器进行讲解。

以 Flame-1000-D 火焰传感器（见图 3-5）为例，介绍其具体特性。

（a）旧版　　　　　　　　　　　　　　　　　　（b）新版

图 3-5　Flame-1000-D 火焰传感器

① 基本特性。

能够探测火焰发出的波段范围为 700 ~ 1100 nm 的短波近红外线。

双重输出组合，数字输出使得系统设计简化，更为简单；模拟输出使得需要高精度的场合使用更为精确，能满足不同需求的场合使用。

检测距离可调节，通过调节精密电位器，能够方便地调节检测距离。

② 典型应用。

应用红外火焰探测技术是目前火灾及时预警的最佳方案之一，该技术通过探测火焰所发出的特征红外线来预警火灾，比传统感烟或感温式火灾探测技术的响应速度更快。

③ 技术参数。

探测波长：700 ~ 1100nm。

探测距离：大于 1.5m。

供电电压：3 ~ 5.5V。

数字输出：当检测到火焰时输出高电平，当没有检测到火焰时输出低电平。

模拟输出：输出端电压随火焰强度变化而改变。

3.4 系统数据通信协议分析

3.4.1 BasicRF 无线通信网络自定义协议

传感器节点采集到温湿度、火焰等数据后将其发送给汇聚节点，传感器节点上传采集数据通信协议格式如表 3-2 所示。

表 3-2 传感器节点上传采集数据通信协议格式

START	CMD	LEN	Count	TYPE0	DATA0	DATA1	DATA2	……	DATAx	CHK
起始位	命令类型	数据长度	传感器个数	传感器类型 0	数据域 0	数据域 1	数据域 2	……	数据域 x	校验位
0xCC	0x01	0x07	0x01	0x03	0x0A	0x78	/	……	/	0x5A

如果传感器个数多于一个，则有多个对应的传感器类型和数据域。表 3-2 中各个字段解释如下。

① START：起始位，取值为 0xCC；

② CMD：命令类型，1 表示获取采集数据；

③ LEN：数据总长度，从 START 字节开始到 CHK 字节之前的长度；

④ Count：传感器个数，依据传感器类型决定。如为采集火焰传感器时，个数为 1；

⑤ TYPE0~TYPEx：传感器类型有温度传感器 0x01、湿度传感器 0x02、火焰传感器 0x03；

⑥ DATA0~DATAx：数据域；

⑦ CHK：校验位，从 START 字节开始到 CHK 字节之前的累加和，该累加和与 0xFF 按位与运算（保留低 8 位），得到的结果就是 CHK 的值。

3.4.2 RS-485 网络上报网关的数据帧

ZigBee 汇聚节点（黑板）将采集到的传感器数据，参考项目 1 的 RS-485 网络数据帧格式，通过 RS-485 网络上报至网关。

【项目实施】

本项目案例要求搭建一个无线网络的仓储环境监测系统，系统构成为：PC 1 台（作为上位机）、网关 1 个、ZigBee 模块（黑板）1 块、ZigBee 模块（白板）2 块、温湿度传感器 1 个、火焰传感器 1 个。

根据需求，首先在 NEWLab 实训平台上模拟实现仓储环境监测功能。使用温湿度传感器和 ZigBee 模块（白板）组成采集节点 1；使用火焰传感器和 ZigBee 模块（白板）组成采集节点 2；1、2 两个节点实时采集传感器的信号，每隔 2s 将采集的传感器信号通过无线网络传给汇聚节点（该节点通过串口与 PC 相连），并在 PC 串口调试软件上显示采集的数据。仓储环境监测系统拓扑结构如图 3-6 所示。

任务实施前必须先准备好设备和资源：ZigBee 模块 3 个、温湿度传感器 1 个、火焰传感器 1 个、物联网网关 1 台、CC Debugger 烧写器 1 个、RS-485 转 RS-232 转接头 1 个、双公头直连串口线 1 条、各色香蕉线若干、杜邦线若干、PC1 台。

主要步骤包括：

① 系统搭建；

② 完善工程代码和编译下载程序；

③ 在云平台上创建项目；

④ 测试方案及设计。

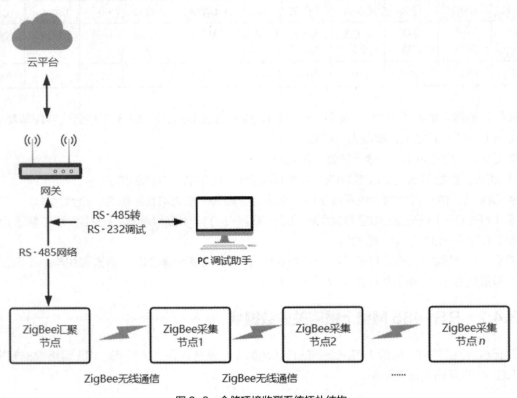

图 3-6　仓储环境监测系统拓扑结构

3.5　任务 1：系统搭建

3-2　微课

硬件环境搭建

仓储环境监测系统需要使用 1 个 ZigBee 汇聚节点和 2 个 ZigBee 采集节点。按照图 3-6 所示的拓扑结构，进行如下操作。

（1）将温湿度传感器插在 ZigBee 模块（白板）上作为温湿度数据采集节点 1。

（2）将火焰传感器插在 ZigBee 模块（白板）上作为火焰数据采集节点 2。

（3）将 ZigBee 模块（黑板）接双公头串口线与 RS-485 转 RS-232 转接头组成汇聚节点。

（4）将 2 个 ZigBee 采集节点与 1 个 ZigBee 汇聚节点构成一个 ZigBee 无线通信网络。

（5）将网关 WAN 口通过网线接外网，将网关 LAN 口通过网线连接 PC，PC 需开启 DHCP 或与网关处于同一网段。

（6）将 ZigBee 汇聚节点的 RS-485 转 RS-232 转接头的 T/R+、T/R-与物联网网关 RS-485 的 A1、B1 互相连接，构成一个 RS-485 网络。

仓储环境监测系统硬件连线如图 3-7 所示。

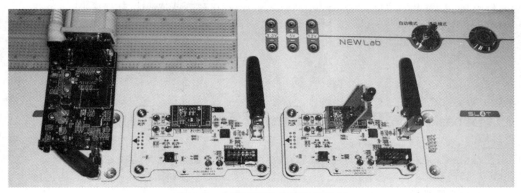

图 3-7　仓储环境监测系统硬件连线

3.6 任务 2：完善工程代码和编译下载程序

3-3　微课

完善工程代码和
效果演示

3.6.1　温湿度数据采集节点

工作空间选择"temprh_sensor"，如图 3-8 所示，下面在 temprh_sensor.c 文件中来实现温湿度数据采集节点代码开发。

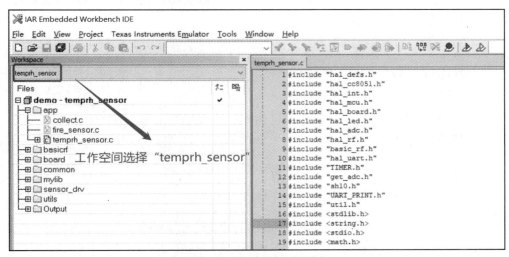

图 3-8　温湿度数据采集节点

（1）添加头文件。

```
...
#include "sh10.h"
...
```

（2）新增宏定义、定义点对点通信地址设置、自定义消息格式。

```
/*点对点通信地址设置*/
#define RF_CHANNEL        16              //频道为11～26
#define PAN_ID            0xD0C2          //网络ID
#define MY_ADDR           0xC2BD          //本机模块地址
#define SEND_ADDR         0xB4F3          //发送地址
/* 自定义消息格式 */
#define START_HEAD        0xCC            //帧头
#define CMD_READ          0x01            //读取传感数据
#define SENSOR_TEMP       0x01            //温度
#define SENSOR_RH         0x02            //湿度
```

（3）定义 basicRfCfg_t 变量、无线发送缓冲区的大小、定时器超时标志的变量。

```
static basicRfCfg_t basicRfConfig;
static uint8 pTxData[MAX_SEND_BUF_LEN]; //定义无线发送缓冲区的大小
uint8  APP_SEND_DATA_FLAG;              //定义定时器超时标志
```

（4）BasicRF 初始化工作。

```
void ConfigRf_Init(void)
{
    basicRfConfig.panId = PAN_ID;           //ZigBee 的 ID 设置
    basicRfConfig.channel = RF_CHANNEL;     //ZigBee 的频道设置
    basicRfConfig.myAddr = MY_ADDR;         //设置本机地址
    basicRfConfig.ackRequest = TRUE;        //应答信号
    while(basicRfInit(&basicRfConfig) == FAILED); //检测 ZigBee 的参数是否配置成功
    basicRfReceiveOn();                     //打开 BasicRF
}
```

（5）采集温湿度数据，并通过 ZigBee 通信协议数据帧封装采集到的温湿度数据，通过 BasicRF 无线发送函数将其发送出去。

```
void main(void)
{
    halBoardInit();                         //模块相关资源的初始化
    ConfigRf_Init();                        //无线收发参数的配置初始化
    Timer4_Init();                          //定时器初始化
    Timer4_On();                            //打开定时器
    while(1)
        {
            APP_SEND_DATA_FLAG = GetSendDataFlag();
                if(APP_SEND_DATA_FLAG == 1)         //时限到
                { /*【传感数据采集、处理】 开始*/
                    uint16 sensor_val,sensor_tem;
                        call_sht11((unsigned int *)(&sensor_tem),(unsigned int *)
                            (&sensor_val));
                                                //读取温湿度数据
```

```
                                                //封装 ZigBee 通信协议数据帧
        memset(pTxData, '\0', MAX_SEND_BUF_LEN);
        pTxData[0]=START_HEAD;                   //帧头
        pTxData[1]=CMD_READ;                     //命令
        pTxData[2]=8;                            //长度
        pTxData[3]=2;                            //2 组传感数据
        pTxData[4]=SENSOR_TEMP;                  //温度传感器
        pTxData[5]=sensor_tem;
        pTxData[6]=SENSOR_RH;                    //湿度传感器
        pTxData[7]=sensor_val;
        pTxData[8]=CheckSum((uint8 *)pTxData, pTxData[2]);
        //把数据发送出去
        basicRfSendPacket((unsigned short)SEND_ADDR, (unsigned char *)
                        pTxData, pTxData[2]+1);
        FlashLed(1,100);                         //无线发送指示，LED1 亮 100ms
        Timer4_On();                             //打开定时
    } /*【传感数据采集、处理】 结束*/
  }
}
```

编译代码，编译成功后通过 CC Debugger 下载到温湿度数据采集节点中。

3.6.2 火焰数据采集节点

工作空间选择"fire_sensor"，如图 3-9 所示，下面在 fire_sensor.c 文件中来实现火焰数据采集节点代码开发。

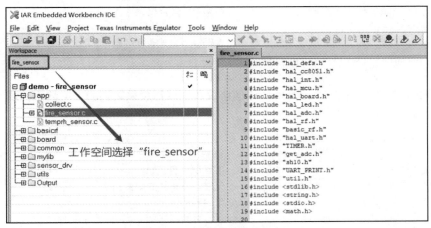

图 3-9 火焰数据采集节点

（1）添加头文件。

```
...
#include "get_adc.h"
...
```

（2）新增宏定义、定义点对点通信地址设置、自定义消息格式。

```
/*点对点通信地址设置*/
```

```
#define RF_CHANNEL    16              //频道为 11～26
#define PAN_ID        0xD0C2          //网络 ID
#define MY_ADDR       0xBDCC          //本机模块地址
#define SEND_ADDR     0xB4F3          //发送地址
/* 自定义消息格式 */
#define START_HEAD    0xCC            //帧头
#define CMD_READ      0x01            //读传感数据
#define SENSOR_FIRE   0x03            //火焰
```

（3）定义 basicRfCfg_t 变量、无线接收缓存数组、定时器超时标志的变量。本操作同温湿度数据采集节点。

（4）BasicRF 初始化工作。本操作同温湿度数据采集节点。

（5）由于火焰传感器通过 ADC 采集数据，因此在 get_adc.c 文件中，通过模数转换值函数 get_adc()读取火焰数据。

```
uint16 get_adc(void)
{
  uint32 value;
  hal_adc_Init();                     //ADC 初始化
  ADCIF = 0;                          //清 ADC 中断标志
  //采用基准电压 avdd5:3.3V，通道 0，启动模数转换
  ADCCON3 = (0x80 | 0x10 | 0x00);
  while ( !ADCIF )
  {
    ;                                 //等待模数转换结束
  }
  value = ADCL;                       //模数转换结果的低位部分存入 value
  value |= (((uint16)ADCH)<< 8);      //取得最终转换结果存入 value
  value = value * 330;
  value = value >> 15;                //根据计算公式算出结果
  return (uint16)value;
}
```

（6）采集火焰数据，并通过 ZigBee 通信协议数据帧封装采集到的火焰数据，通过 BasicRF 无线发送函数将其发送出去。

```
void main(void)
{
    halBoardInit();                     //模块相关资源的初始化
    ConfigRf_Init();                    //无线收发参数的配置初始化
    Timer4_Init();                      //定时器初始化
    Timer4_On();                        //打开定时器
    while(1)
    {   APP_SEND_DATA_FLAG = GetSendDataFlag();
        if(APP_SEND_DATA_FLAG == 1) //时限到
        {   /*【传感数据采集、处理】开始*/
            uint16 FireAdc;
            FireAdc = get_adc();        //取红外光（火焰）数据
                                        //封装 ZigBee 通信协议数据帧
            memset(pTxData, '\0', MAX_SEND_BUF_LEN);
            pTxData[0]=START_HEAD;  //帧头
```

```
                pTxData[1]=CMD_READ;                              //命令
                pTxData[2]=7;                                    //长度
                pTxData[3]=1;                                    //1 组传感数据
                pTxData[4]=SENSOR_FIRE;                          //传感器类型
                pTxData[5]=(uint8)((FireAdc*10)>>8);             //单位: mV
                pTxData[6]=(uint8)((FireAdc*10));                //单位: mV
                pTxData[7]=CheckSum((uint8 *)pTxData, pTxData[2]);
                //产生一个随机延时, 减少信道冲突
                srand1(FireAdc);
                halMcuWaitMs(randr( 0, 3000 ));
                //把数据发送出去
                basicRfSendPacket((unsigned short)SEND_ADDR, (unsigned char *)pTxData
, pTxData[2]+1);
                FlashLed(1,100);            //无线发送指示, LED1 亮100ms
                Timer4_On();               //打开定时
        }    /*【传感数据采集、处理】 结束*/
    }
}
```

编译代码, 编译成功后通过 CC Debugger 下载到火焰数据采集节点中。

3.6.3 传感数据汇聚

工作空间(Workspace)选择"collect", 如图 3-10 所示, 在 collect.c 文件中实现汇聚节点功能, 将接收的温湿度、火焰数据通过串口上报云平台。

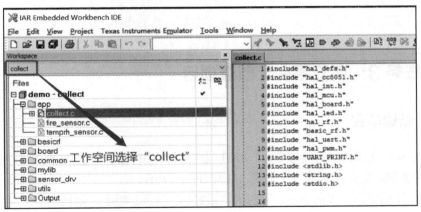

图 3-10 传感数据汇聚

(1)添加头文件。

```
...
#include "hal_uart.h"
...
```

(2)新增通信协议相关的宏定义。

```
/******通信协议相关*******/
#define START_HEAD          0xCC              //帧头
#define CMD_READ            0x01              //读取传感数据
```

```
#define SENSOR_TEMP                0x01                    //温度
#define SENSOR_RH                  0x02                    //湿度
#define SENSOR_FIRE                0x03                    //火焰
```

（3）定义 basicRfCfg_t 变量、无线接收缓存数组、定时器超时标志的变量，同采集节点代码。

（4）BasicRF 初始化工作，同采集节点代码。

（5）汇聚传感数据，通过 BasicRF 接收函数接收到其他采集节点发送过来的温湿度、火焰数据，并且通过串口透传将其上报云平台。

```
void main(void)
{
    uint16 len = 0;
    halBoardInit();                        //模块相关资源的初始化
    ConfigRf_Init();                       //无线收发参数的配置初始化
    while(1)
    {
        /************************无线数据接收处理进程******************/
        if(basicRfPacketIsReady())  //查询有没有收到无线信号
        {
            FlashLed(2,100);               //无线接收指示，LED2 亮 100ms
                                           //接收无线数据
            len = basicRfReceive(pRxData, MAX_RECV_BUF_LEN, NULL);
            halUartWrite((uint8 *)pRxData, len);//串口透传
        }
    }
}
```

编译代码，编译成功后通过 CC Debugger 下载到汇聚节点中。

3.7 任务 3：在云平台上创建项目

3.7.1 新建项目

登录云平台后，先单击"开发者中心"按钮（图 3-11 中标号①处），然后单击"新增项目"按钮(图 3-11 中标号②处)即可新建一个项目，如图 3-11 所示。

在弹出的"添加项目"对话框中，可对"项目名称""行业类别""联网方案"等信息进行填充（图 3-11 中标号③处）。在本项目案例中，设置"项目名称"为"仓储环境监测"，"行业类别"选择"工业物联"，"联网方案"选择"以太网"。最后单击"下一步"按钮。

3.7.2 添加设备

项目新建完毕后，可为其添加设备，在设备标识名末尾加一串随机数字，防止重复，如图 3-12 所示，输入设备名称"仓储环境监测"，勾选"通信协议"下的"TCP"，然后输入设备标识"BasicRF20190911"，最后单击"确定添加设备"按钮。在"设备管理"界面，如图 3-13 所示，记录下设备 ID、设备标识、传输密钥，后续需要用到这 3 个参数。

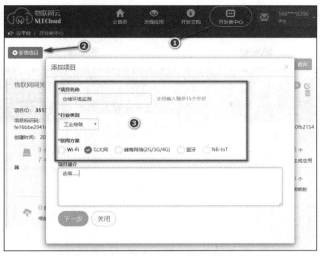

图 3-11 在云平台上新建项目

图 3-12 在云平台上添加设备

图 3-13 "设备管理"界面

在图 3-14 所示的界面中查看 ApiKey 是否生成或有效，若未生成 ApiKey，则按图中步骤生成 ApiKey。

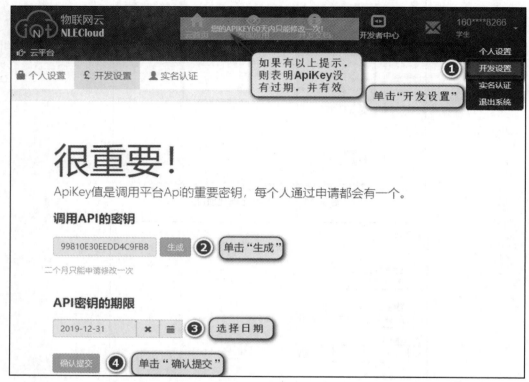

图 3-14　生成 ApiKey

3.7.3　配置物联网网关接入云平台

登录物联网网关系统管理界面 192.168.14.200:8400（IP 可自行设置+端口号固定），单击"云平台接入"标签，将前面记录的设备 ID、设备标识、传输密钥输入图 3-15 中标号③～⑤处的文本框中。

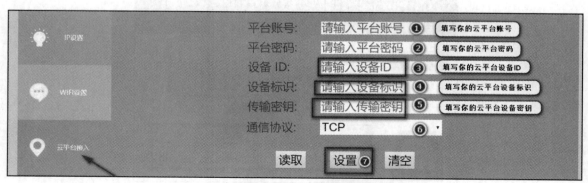

图 3-15　平台接入配置界面

物联网网关参数配置完毕，单击"设置"按钮（图 3-16 中标号⑦处），物联网网关系统将自动重启，20s 左右，系统初始化完毕。

3.7.4 系统运行情况分析

按图 3-16 所示步骤操作，可让网页实时显示数据，查看数据上传情况。

图 3-16 开启实时显示

实时数据如图 3-17 所示，网页每间隔 5s 刷新一次。

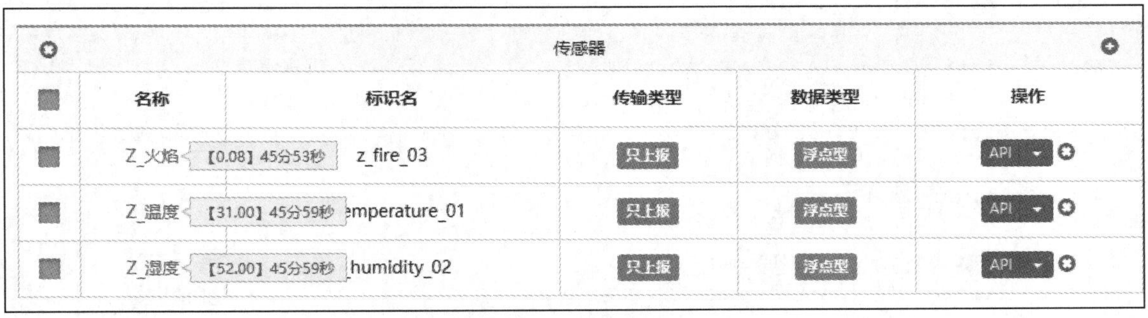

图 3-17 实时数据

单击"历史数据"按钮可跳转到"历史数据"界面，历史数据如图 3-18 所示。

图 3-18 历史数据

3.8 任务 4：测试方案及设计

3.8.1 测试目的

ZigBee 无线通信距离测试，验证 ZigBee 模块点对点传输距离大致为 300m。

3.8.2 测试方法

取 2 个 ZigBee 模块（白板），在空旷情况下进行点对点距离测试，通过 LED 进行通信显示。ZigBee 节点 1 以固定频率间隔（200ms）发送固定字符串"hello"，ZigBee 节点 2 在接收到字符串数据时，判断是否是"hello"，如果是则翻转 LED2，否则延时 20ms。

打开资源包的 ZigBee 测试工程

空间选择"node1"，在 node1.c 文件中输入以下代码。

```
...
/*点对点通信地址设置*/
#define RF_CHANNEL              25           //频道为 11～26
#define PAN_ID                  0xD0C2       //PANID
#define NODE1_ADDR              0xD0C0       //节点 1 地址
#define NODE2_ADDR              0xD0C1       //节点 2 地址
#define APP_PAYLOAD_LENGTH      5            //数据载荷长度

static uint8 pTxData[APP_PAYLOAD_LENGTH];    //发送缓存
static uint8 pRxData[APP_PAYLOAD_LENGTH];    //接收缓存
static basicRfCfg_t basicRfConfig;           //在 BasicRF 层配置重要结构体

void ConfigRf_Init(void)
{
    basicRfConfig.panId = PAN_ID;            //ZigBee 的 ID 设置
    basicRfConfig.channel = RF_CHANNEL;      //ZigBee 的频道设置
    basicRfConfig.myAddr = NODE1_ADDR;       //设置本机地址
    basicRfConfig.ackRequest = TRUE;         //应答信号
    while(basicRfInit(&basicRfConfig) == FAILED);  //检测 ZigBee 的参数是否配置成功
    basicRfReceiveOn();                      //打开 RF
}

void main(void)
{
    halBoardInit();                          //模块相关资源的初始化
    ConfigRf_Init();                         //无线收发参数的配置初始化
    memcpy(pTxData, "hello", 5);

    while(1)
    {
        //把数据通过 ZigBee 发送出去
```

```
        basicRfSendPacket(NODE2_ADDR, pTxData, APP_PAYLOAD_LENGTH);
        HAL_LED_TGL_2();                                      //翻转 LED2
        halMcuWaitMs(200);

    }
}
```

编译代码，编译成功后通过 CC Debugger 下载到 ZigBee 节点 1 中。

工作空间选择"node2"，在 node2.c 文件夹中添加以下代码。

```
...
/*点对点通信地址设置*/
#define RF_CHANNEL              25                //频道为 11～26
#define PAN_ID                  0xD0C2            //PANID
#define NODE1_ADDR              0xD0C0            //节点 1 地址
#define NODE2_ADDR              0xD0C1            //节点 2 地址
#define APP_PAYLOAD_LENGTH      6                 //数据载荷长度
static uint8 pTxData[APP_PAYLOAD_LENGTH];         //发送缓存
static uint8 pRxData[APP_PAYLOAD_LENGTH];         //接收缓存
static basicRfCfg_t basicRfConfig;                //在 BasicRF 层配置重要结构体
uint8 *myString = "hello";
int8 ret = -1;
static uint8 pTxData[APP_PAYLOAD_LENGTH];         //发送缓存
static uint8 pRxData[APP_PAYLOAD_LENGTH];         //接收缓存
static basicRfCfg_t basicRfConfig;                //在 BasicRF 层配置重要结构体

void ConfigRf_Init(void)
{
    basicRfConfig.panId      =    PAN_ID;         //ZigBee 的 ID 设置
    basicRfConfig.channel    =    RF_CHANNEL;     //ZigBee 的频道设置
    basicRfConfig.myAddr     =    NODE1_ADDR;     //设置本机地址
    basicRfConfig.ackRequest =    TRUE;           //应答信号
    while(basicRfInit(&basicRfConfig) == FAILED); //检测 ZigBee 的参数是否配置成功
    basicRfReceiveOn();                           //打开 RF
}
void main(void)
{
    halBoardInit();                               //模块相关资源的初始化
    ConfigRf_Init();                              //无线收发参数的配置初始化
    memcpy(pTxData, "hello", 5);
    while(1){                                     //把数据通过 ZigBee 发送出去
     basicRfSendPacket(NODE2_ADDR, pTxData, APP_PAYLOAD_LENGTH);
     HAL_LED_TGL_2();                             //翻转 LED2
     halMcuWaitMs(200);
    }
}
```

编译代码，编译成功后通过 CC Debugger 调试器下载到 ZigBee 节点 2 中。

测试结果如表 3-3 所示。

表 3-3　测试结果

序号	功能测试项目	测试现象	测试结果
1	节点 1 和节点 2 都没有接天线的情况下	节点 1、2 之间距离为 1m 时，节点 1 发送 LED1 和节点 2 接收 LED1 正常闪烁	ZigBee 模块点对点传输距离大概在 300m 左右。
		节点 1、2 之间距离为 2m 时，节点 1 发送 LED1 正常闪烁，节点 2 接收 LED2 偶尔闪烁	
		节点 1、2 之间距离超过 3m 时，节点 1 发送 LED1 正常闪烁，节点 2 接收 LED2 熄灭	3 个测试项目的结论不同，例如：
2	节点 1 接天线，节点 2 不接天线的情况下（节点 1 不接天线，节点 2 接天线）	节点 1、2 之间距离为 1m 时，节点 1 发送 LED1 和节点 2 接收 LED1 正常闪烁	都不接天线，实测最远通信 2m 左右；
		节点 1、2 之间距离为 2m 时，节点 1 发送 LED1 正常闪烁，节点 2 接收 LED2 正常闪烁	一个接天线，一个不接，实测最远通信 10～15m；
		节点 1、2 之间距离超过 15m 时，节点 1 发送 LED1 正常闪烁，节点 2 接收 LED2 偶尔闪烁	
3	节点 1、节点 2 都接天线的情况下	节点 1、2 之间距离为 1m 时，节点 1 发送 LED1 和节点 2 接收 LED1 正常闪烁	都接天线，实测最远可达 300m
		节点 1、2 之间距离为 2m 时，节点 1 发送 LED1 正常闪烁，节点 2 接收 LED2 正常闪烁	
		节点 1、2 之间距离大概 300m 时，节点 1 发送 LED1 正常闪烁，节点 2 接收 LED2 偶尔闪烁	

【项目小结】

　　本项目重点在于 BasicRF 无线通信技术，需要读者掌握 BasicRF 关键函数，包含初始化、发送、接收函数等，通过自定义无线通信协议，采集相关数据，使得模块之间能相互收发数据。读者通过仓储环境监测系统项目，对 BasicRF 相关函数、自定义协议进行理解和掌握，可为进一步学习 ZigBee 协议栈打好基础。

【知识巩固】

1. 单选题

（1）CC2530 的无线通信部分工作频率为（　　　）。

　　　A. 315MHz　　　　　　　　　　B. 433MHz

　　　C. 2.4GHz　　　　　　　　　　 D. 5.8GHz

（2）basicRfCfg_t 数据结构中的 panId 成员是（　　　）。

　　　A. 发送模块地址　　　　　　　　B. 接收模块地址

　　　C. 网络 ID　　　　　　　　　　 D. 通信信道

2. 填空题

（1）basicRFCfg_t 是 BasicRF 协议中一个重要的结构体，其成员变量"myAddr"表示_____。

（2）在 BasicRF 中，信道的划分范围是_____。

3. 简答题

（1）BasicRF 的特点有哪些？

（2）列举 BasicRF 中几个特别重要的 API 函数名。

【拓展任务】

请在现有任务基础上，添加火焰数据采集节点的数据阈值，当数据超过阈值时启动报警模块告警。

※项目4
Z-Stack协议栈
组网开发

04

【学习目标】

1. 知识目标
（1）学习 ZigBee 技术的概念。
（2）学习 Z-Stack 协议栈的原理。

2. 技能目标
（1）掌握配置 ZigBee 网络中的协调器、路由节点、终端节点功能的方法。
（2）掌握 Z-Stack 协议栈基本原理并能编程实现各种通信方式。

3. 素养目标
培养细心认真的钻研精神。

【项目概述】

（1）由于 BasicRF 是点对点通信协议，主机、从机之间是分时点对点连接的，因此支持同时组网的设备数量有限。为了支持更多传感器同时组网及同时采集数据，将 BasciRF 协议升级到 Z-Stack 协议。

（2）由于 BasicRF 只能实现简单的两点通信，因此存在无法实现数据的自动重发、自动加入协议、不提供多种网络设备等缺点。Z-Stack 协议栈是一个基于任务轮询方式的操作系统，其任务调度和资源分配由操作系统抽象层管理着。在仓储环境中，有多种数据需要采集，有时候还需同时采集相关数据，这就需要点对多点的数据采集模式。

（3）本项目基于项目 3 的仓储环境，实现基于 Z-Stack 的串口通信、基于 Z-Stack 的点对点通信、基于 Z-Stack 的点对多点通信、ZigBee 节点入网和退网控制共 4 个拓展任务。

【知识准备】

4.1 应用场景介绍

4.1.1 基于 Z-Stack 的串口通信

搭建 ZigBee 模块与 PC 串口通信系统，要求 ZigBee 模块每隔 1s 向串口发送"Hello

ZigBee!",并在 PC 上的串口调试软件上实时显示相应信息。另外,增加一个应用层新任务,实现由 PC 端串口发送字符 1 或 0 控制 ZigBee 模块的 LED2 的开或关。

4.1.2 基于 Z-Stack 的点对点通信

使用两个 ZigBee 模块,一个作为协调器(节点 1),另一个作为终端节点或路由器(节点 2)。按节点 2 的 SW1 键,节点 1 收到数据后,对接收到的数据进行判断,如果收到的数据正确,则使 ZigBee 节点 1 的 LED1 切换亮/灭状态。

4.1.3 基于 Z-Stack 的点对多点通信

使用一个 ZigBee 模块(黑板)和两个 ZigBee 模块(白板),其中,ZigBee 模块(黑板)作为协调器(节点 1),一个 ZigBee 模块(白板)作为路由器(节点 2),另一个 ZigBee 模块(白板)作为终端节点(节点 3),实现以下功能。

(1)如果 3 个节点在同一个组播组里,按节点 1 的 SW1 键,通过组播模式发送数据。节点 2 和节点 3 收到数据后,对接收到的数据进行判断,如果收到的数据正确,则使节点 2 和节点 3 的 LED1 切换亮/灭状态。按节点 2 和节点 3 的 SW1 按键,实现设备加入组播和移除组播的切换。

(2)如果 3 个节点不在组播组里,采用广播模式发送数据。节点 2 和节点 3 收到数据后,对接收到的数据进行判断,如果收到的数据正确,则使节点 2 和节点 3 的 LED1 切换亮/灭状态。

4.1.4 ZigBee 节点入网和退网控制

采用一个 ZigBee 模块(黑板)和两个 ZigBee 模块(白板),其中,ZigBee 模块(黑板)作为协调器(节点 1),一个 ZigBee 模块(白板)作为路由器(节点 2),另一个 ZigBee 模块(白板)作为终端节点(节点 3),实现以下功能。

(1)设备上电开始,可调节是否允许设备入网功能。按协调器的 SW1 键,实现允许入网和禁止入网切换功能。通过协调器 LED1 指示是否允许入网,如果 LED1 亮,允许终端或者路由节点入网,否则,禁止节点入网。

(2)如果协调器处于禁止入网状态,按协调器的 SW1 键使其开启允许入网功能,路由和终端会相继加入协调器建立的网络中,入网成功后路由和终端的 LED2 闪烁。

(3)按路由或终端的 SW1 键,将退出协调器建立的网络,并在一定时间内重启。重启后路由和终端的 LED2 处于常灭状态,表明设备已经退网。

4.2 ZigBee 技术概述

ZigBee 技术是一种短距离、功耗低且传输速率不高的双向无线通信技术。它可工作在 2.4GHz(全球)、915MHz(美国)和 868MHz(欧洲)3 个频段上,分别具有最高 250kbit/s、40kbit/s 和 20kbit/s 的传输速率,其传输距离为 10~75m,可通过加装信号增强模块扩展传输距离。

4-1 微课

ZigBee 技术概述

4.3 ZigBee 网络中的设备类型

4.3.1 设备类型

ZigBee 网络中的设备类型有协调器（Coordinator），路由器（Router）和终端设备（End-Device）。图 4-1 所示的黑色节点为协调器，灰色节点为路由器，白色节点为终端设备，该网络由一个协调器以及多个路由器和终端设备组成。

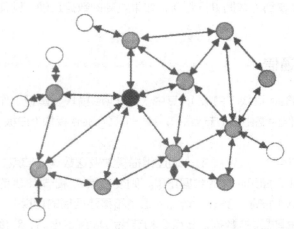

图 4-1　ZigBee 网络示意

1. 协调器

协调器是每个独立的 ZigBee 网络中的核心设备，负责选择一个信道和一个网络 ID（也称 PAN ID），启动整个 ZigBee 网络。一个网络只有一个网络 ID，用于区分不同的网络。

2. 路由器

路由器允许其他设备加入网络，多跳路由协助终端设备通信。一般情况下，路由器需要一直处于工作状态，必须使用电力电源供电。但是当使用树形网络拓扑结构时，允许路由器间隔一定的周期操作一次，故路由器也可以使用电池供电。

3. 终端设备

终端设备是 ZigBee 实现低功耗的核心，它的入网过程和路由器是一样的。终端设备没有维持网络结构的职责，所以它并不是时刻都处在接收状态的，大部分情况下它都处在 IDLE 或者低功耗休眠模式，因此，它可以由电池供电。

4.3.2 拓扑结构

ZigBee 网络支持星形、树形和网状 3 种网络拓扑结构。

（1）星形网络由一个 PAN 协调器和多个终端设备组成，只存在 PAN 协调器与终端的通信，终端设备间的通信都需通过 PAN 协调器转发。

（2）树形网络由一个协调器和一个或多个星形结构连接而成，设备除能与自己的父节点或子节点进行点对点直接通信外，其他只能通过树形路由完成消息传输。

（3）网状网络是在树形网络基础上实现的，与树形网络不同的是，它允许网络中所有具有路由功能的节点直接互连，由路由器中的路由表实现消息的网状路由。该拓扑结构的优点是减少了消息延时，增强了可靠性，缺点是需要更多的存储空间开销。

4.3.3 信道

前面知道 ZigBee 可工作在 3 个频段上，分别为：868MHz（欧洲流行）、915MHz（美国流行）、2.4GHz（全球流行）。根据表 4-1 可知，ZigBee 共定义了 27 个物料信道。其中，868MHz 频段定义了 1 个信道；915MHz 频段附近定义了 10 个信道，信道间隔为 2MHz；2.4GHz 频段定义了 16 个信道，信道间隔为 5MHz。

表 4-1　ZigBee 信道分配

信道编号	中心频率/MHz	信道间隔/MHz	频率上限/MHz	频率下限/MHz
$k=0$	868.3		868.6	868.0
$k=1,2,3,\cdots,10$	$906+2\times(k-1)$	2	928.0	902.0
$k=11,12,13,\cdots,26$	$2401+5\times(k-11)$	5	2483.5	2400.0

4.4　Z-Stack 协议栈介绍

4.4.1　Z-Stack 协议栈结构

Z-Stack 协议栈由物理层（Physical Layer，PHY）、介质访问控制层（Medium Access Control Sub-Layer，MAC）、网络层（Network Layer，NWK）和应用层（Application Layer，APL）组成，如图 4-2 所示。其中 IEEE 802.15.4 标准定义了物理层和介质访问控制层。ZigBee 协议定义了网络层、应用层。在应用层内提供了应用程序支持子层（Application Support Sub-Layer，APS）和 ZigBee 设备对象（ZigBee Device Object，ZDO）。应用层中加入了用户自定义的应用对象。在协议栈中，上层实现的功能对下层来说是不知道的，上层可以调用下层提供的函数来实现某些功能。

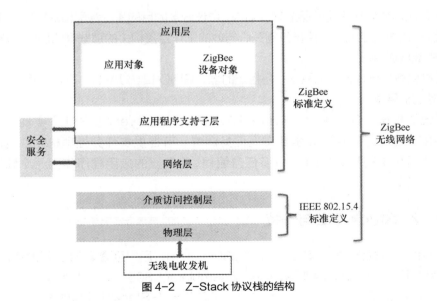

图 4-2　Z-Stack 协议栈的结构

105

1. 物理层

物理层定义了物理无线信道和 MAC 子层之间的接口，可提供物理层数据服务和物理层管理服务，物理层的功能包括 ZigBee 的激活、当前信道的能量检测、接收链路服务质量信息、ZigBee 信道接入方式选择、信道频率选择、数据传输和接收。

2. 介质访问控制层

介质访问控制层负责处理所有的物理无线信道访问，并产生网络信号、同步信号；支持个域网（Personal Area Network，PAN）连接和分离，可提供两个对等介质访问控制实体之间可靠的链路。介质访问控制层的功能包括网络协调器产生信标、与信标同步、支持 PAN 链路的建立和断开、为设备的安全性提供支持、信道接入方式采用带冲突避免载波感应多路访问（Carrier Sense Multiple Access with Collision Avoidance，CSMA/CA）机制、处理和维护保护时隙（Guaranteed Time Slot，GTS）机制、在两个对等的介质访问控制实体之间提供一个可靠的通信链路。

3. 网络层

Zstack 协议栈的核心部分在网络层。网络层主要用于实现节点加入或离开网络、接收或抛弃其他节点、路由查找及传送数据等功能。网络层的功能有网络发现、网络形成、允许设备连接、路由器初始化、设备同网络连接、直接将设备同网络连接、断开网络连接、复位设备、接收机同步、信息库维护。

4. 应用层

Z-Stack 应用层包括应用支持层、ZigBee 设备对象和应用对象。应用支持层的功能包括维持绑定表、在绑定的设备之间传送消息。ZigBee 设备对象的功能包括定义设备在网络中的角色（如 ZigBee 协调器和终端设备）、发起和响应绑定请求、在网络设备之间建立安全机制。ZigBee 设备对象还负责发现网络中的设备，并且决定向他们提供何种应用服务。ZigBee 应用层除可提供一些必要函数以及为网络层提供合适的服务接口外，一个重要的功能是应用者可在这层定义自己的应用对象。

整个 Z-Stack 协议栈采用分层的软件结构，协议分层的目的是使各层相对独立，每一层都提供一些服务。服务由协议定义，程序员只需关心与他的工作直接相关的那些层的协议，它们向高层提供服务，并由底层提供服务。

HAL 可提供各种硬件模块的驱动，包括定时器、GPIO 口、UART、模数转换器的 API，也可提供各种服务的扩展集。

操作系统抽象层（Operating System Abstraction Layer，OSAL）实现了一个易用的操作系统平台，通过时间片轮转函数实现任务调度，可提供多任务处理机制。用户可以调用操作系统抽象层提供的相关 API 进行多任务编程，将自己的应用程序作为一个独立的任务来实现。

4.4.2　Z-Stack 下载与安装

本项目选用 TI 公司推出的 ZStack-CC2530-2.5.1a，用户可登录 TI 公司的官方网站下载，然后安装使用。另外，Z-Stack 需要在 IAR Assembler for 8051 8.10.1 上运行。

双击 ZStack-CC2530-2.5.1a.exe 文件，即可进行 Z-Stack 协议栈的安装。

安装完成之后，在 C:\Texas Instruments\ZStack-CC2530-2.5.1a 目录下有 4 个文件夹，分别是 Components、Documents、Projects、Tools，如图 4-3 所示。

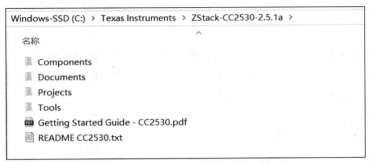

图 4-3　Z-Stack 目录结构

1．Components 文件夹

Components 是一个非常重要的文件夹，其内包括 Z-Stack 协议栈的各个功能函数，其目录结构如图 4-4 所示。

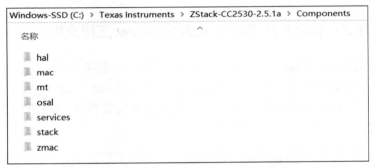

图 4-4　Components 文件夹目录结构

hal 文件夹：硬件平台的抽象层文件；

mac 文件夹：包括 IEEE802.15.4 物理协议所需要的头文件；

mt 文件夹：包括 Z-tools 调试功能所需要的源文件；

osal 文件夹：包括操作系统抽象层所需要的文件；

services 文件夹：包括 Z-Stack 提供的两种服务，即寻址服务和数据服务所需要的文件；

stack 文件夹：Components 文件夹最核心的部分，是 ZigBee 协议栈的具体实现部分，在该文件夹下，包括 7 个文件夹，分别是 af（应用框架）、nwk（网络层）、sapi（简单应用接口）、sec（安全）、sys（系统头文件）、zcl（ZigBee 簇库）和 ZDO（ZigBee 设备对象）；

zmac 文件夹：包括 Z-Stack 的介质访问控制层导出文件。

2．Documents 文件夹

该文件夹内有很多 PDF 文档，主要是对整个协议栈的说明，用户可以根据需要进行查阅。

3．Projects 文件夹

该文件夹内包括用于 Z-Stack 功能演示的各个项目的例程，用户可以在这些例程的基础进行开发。

4. Tools 文件夹

该文件夹内包括 TI 公司提供的一些工具。

【项目实施】

项目实施前必须先准备好设备和资源：ZigBee 模块 3 个、温湿度传感器 1 个、火焰传感器 1 个、物联网网关 1 台、CC Debugger 烧写器 1 个、RS-485 转 RS-232 转接头 1 个、双公头直连串口线 1 条、各色香蕉线若干、杜邦线若干、PC1 台。

主要步骤包括：

① 基于 Z-Stack 的串口通信；

② 基于 Z-Stack 的点对点通信；

③ 基于 Z-Stack 的点对多点通信；

④ ZigBee 节点入网和退网控制。

4.5 任务 1：基于 Z-Stack 的串口通信

4-2　微课

基于 Z-Stack 的
串口通信

4.5.1 打开 Z-Stack 的 SampleApp.eww 工程文件

先在磁盘的合适的位置创建一个名为："1 基于 Z-Stack 的串口通信"的文件夹（作为新工程文件夹），在默认安装路径 C:\Texas Instruments\ZStack-CC2530-2.5.1a 中找到 Components 和 Projects 文件夹，并将其复制到文件夹"1 基于 Z-Stack 的串口通信"下，如图 4-5 所示。

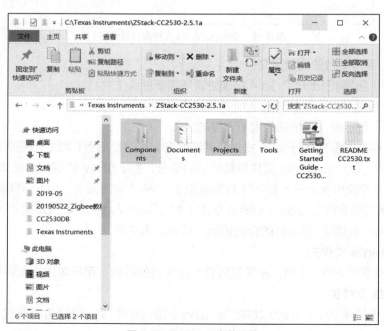

图 4-5　Z-Stack 安装目录

从新工程路径 Projects\zstack\Samples\SampleApp\CC2530DB 下找到工程名为 Sample-App.eww 的文件，并双击打开这个新工程文件，如图 4-6 所示。

图 4-6　新工程路径

打开该工程文件后，可以看到其布局，如图 4-7 所示。

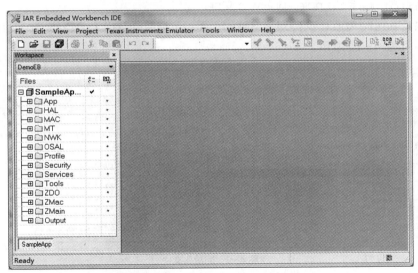

图 4-7　SampleApp.eww 工程文件布局

4.5.2　文件删除

（1）删除工程文件中的 SampleAppHw.h 和 SampleAppHw.c 文件。

将 SampleApp.eww 工程文件中的 SampleAppHw.h 文件删除，删除方法为选择"SampleAppHw.h"，单击鼠标右键（以下简称"右击"），在弹出的菜单中选择"Remove"选项，如图 4-8 所示。

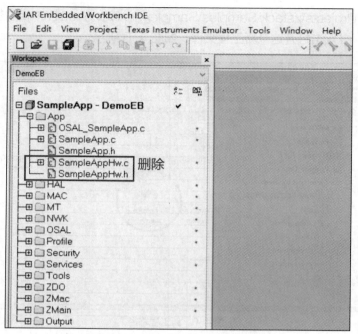

图 4-8　删除 SampleApp.h 文件

按照上面的方法删除 SampleAppHw.c 文件。

（2）修改 SampleApp.c 文件对头文件的引用，工作空间选择为"CoordinatorEB"。修改的代码如图 4-9 和图 4-10 所示。

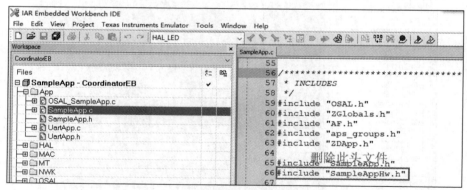

图 4-9　删除头文件

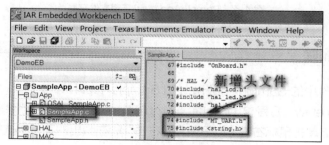

图 4-10　新增头文件

4.5.3 修改串口配置代码

打开 MT_UART.h 头文件，按照图 4-11 所示修改 71 行和 75 行代码，关闭串口流控功能并将波特率修改为 115200，如图 4-11 所示。

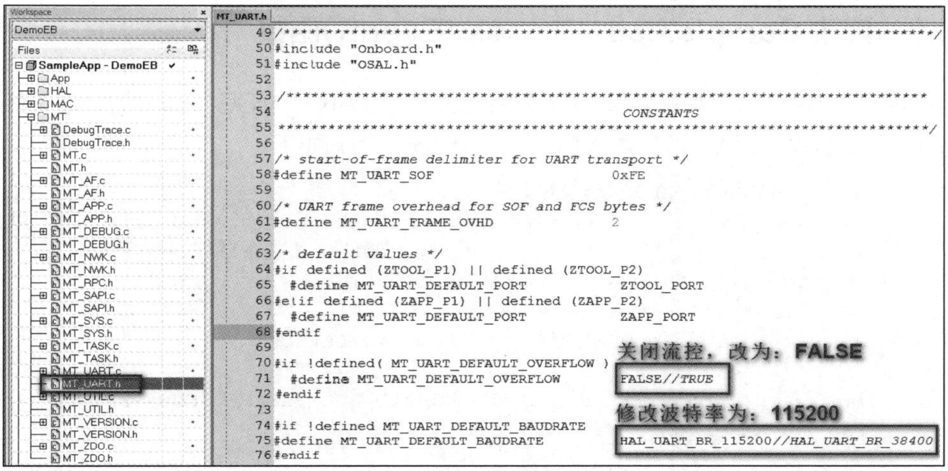

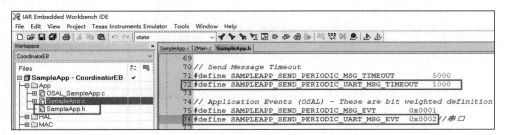

图 4-11　MT_UART.h 头文件

4.5.4 修改 SampleApp.h 文件

在 SampleApp.h 文件中新增周期时长和串口事件编号的宏定义，增加的代码如图 4-12 所示。

图 4-12　新增宏定义

4.5.5 SampleApp.c 中修改 SampleApp_Init() 初始化函数

在 SampleApp_Init() 函数末尾添加下面加粗的代码，启动一个 1s 定时器，向 Sample App_TaskID 发送串口定时发送事件。代码如下。

```
void SampleApp_Init( uint8 task_id )
{
  …//此处省略无关代码
 #if defined ( LCD_SUPPORTED )
    HalLcdWriteString( "SampleApp", HAL_LCD_LINE_1 );
```

```
      #endif
      //启动串口定时发送事件。注意：后面不能有空格，否则编译不能通过
      osal_start_timerEx( SampleApp_TaskID, \
                          SAMPLEAPP_SEND_PERIODIC_UART_MSG_EVT, \
                          SAMPLEAPP_SEND_PERIODIC_UART_MSG_TIMEOUT );
}
```

4.5.6 修改 SampleApp_ProcessEvent()函数

增加对新事件 SAMPLEAPP_SEND_PERIODIC_UART_MSG_EVT 的处理，首先向串口输出"Hello ZigBee!"信息，然后再次启动 1s 定时器。代码如下。

```
case ZDO_STATE_CHANGE://ZDO 状态改变事件
        SampleApp_NwkState = (devStates_t)(MSGpkt->hdr.status);//读取设备状态
                                     //若设备是协调器、路由器或终端节点
        if ((SampleApp_NwkState == DEV_ZB_COORD)
           || (SampleApp_NwkState == DEV_ROUTER)
             || (SampleApp_NwkState == DEV_END_DEVICE) )
        {
          osal_start_timerEx( SampleApp_TaskID, SAMPLEAPP_SEND_PERIODIC_MSG_EVT,
SAMPLEAPP_SEND_PERIODIC_MSG_TIMEOUT );
        }
   return (events ^ SYS_EVENT_MSG);
  }
 …//此处省略无关代码
 if ( events & SAMPLEAPP_SEND_PERIODIC_MSG_EVT )
  {
    SampleApp_SendPeriodicMessage();

    osal_start_timerEx( SampleApp_TaskID, SAMPLEAPP_SEND_PERIODIC_MSG_EVT,
                    (SAMPLEAPP_SEND_PERIODIC_MSG_TIMEOUT + (osal_rand() & 0x00
FF)) );
    return (events ^ SAMPLEAPP_SEND_PERIODIC_MSG_EVT);  // 返回未处理的事件
  }
 //发送"Hello ZigBee!"信息的事件 SAMPLEAPP_SEND_PERIODIC_UART_MSG_EVT
 if ( events & SAMPLEAPP_SEND_PERIODIC_UART_MSG_EVT )       //串口定时发送事件
  {
                                                            //串口发送数据
    HalUARTWrite ( MT_UART_DEFAULT_PORT, \
                (uint8 *)"Hello ZigBee !\r\n", \
                strlen("Hello ZigBee !\r\n") );
                                                      //实现循环启动定时
    osal_start_timerEx( SampleApp_TaskID, \
                 SAMPLEAPP_SEND_PERIODIC_UART_MSG_EVT, \
                 SAMPLEAPP_SEND_PERIODIC_UART_MSG_TIMEOUT );

    // return unprocessed events
    return (events ^ SAMPLEAPP_SEND_PERIODIC_UART_MSG_EVT);
  }
```

通过上述步骤，就可实现 ZigBee 模块每隔 1s 向串口发送信息的功能。下面步骤实现的是新增任务和接收串口数据的功能。

4.5.7 添加应用层新任务

（1）在 IAR 下单击"File"，在弹出的下拉菜单中选择"New"，然后选择"File"，将文件保存为 UartApp.h，存放在 ZStack-CC2530-2.5.1a\Projects\zstack\Samples\SampleApp \Source 目录下。然后以同样的方法新建 UartApp.c。

右击"App"，在弹出的菜单中选择"Add"→"Add files"选项，将刚才新建的两个文件（UartApp.h 和 UartApp.c）导入工程中。

（2）增加 UartApp.h 头文件代码，在该文件中新增任务初始化函数和事件处理函数的声明。

打开 UartApp.h 文件，增加的代码如下所示。

```
#ifndef _UARTAPP_H_
#define _UARTAPP_H_

// Application Events (OSAL) - These are bit weighted definitions.
#define UART_APP_EVT        0x0001

void UartApp_Init(uint8 task_id);
uint16 UartApp_ProcessEvent(uint8 task_id, uint16 events);

#endif
```

（3）打开 UartApp.c 文件，在该文件中增加新任务的初始化函数和事件处理函数，增加的代码如下所示。

```
/*********************************************************************
 * INCLUDES
 */
#include <string.h>
#include "hal_led.h"
#include "hal_uart.h"
#include "MT_UART.h"
#include "UartApp.h"


uint8 UartApp_TaskID;   // Task ID for internal task/event processing

/***************************************************************************************
*******
*函数: UartApp_Init( uint8 task_id )
*功能: Initialization function for the UART App Task
*输入: task_id - the ID assigned by OSAL.  This ID should be used to send messages and
set
*               timers
*输出: 无
*返回: 无
*特殊说明: 无
/
void UartApp_Init( uint8 task_id )
```

```
{
  UartApp_TaskID = task_id;
  osal_set_event( UartApp_TaskID, UART_APP_EVT );
}

/******************************************************************
 * @fn        UartApp_ProcessEvent
 *
 * @brief   UART Application Task event processor.  This function
 *          is called to process all events for the task
 *
 * @param   task_id - The OSAL assigned task ID
 * @param   events - events to process.  This is a bit map and can
 *                   contain more than one event
 *
 * @return  none
 */
uint16 UartApp_ProcessEvent( uint8 task_id, uint16 events )
{
  (void)task_id;  // Intentionally unreferenced parameter

  if ( events & UART_APP_EVT )
  {
    uint8 buf[8] = {0};
    if(Hal_UART_RxBufLen(MT_UART_DEFAULT_PORT) > 0)
    { //串口收到数据
      HalUARTRead(MT_UART_DEFAULT_PORT,buf,8);              //从串口读取数据
      if((buf[0] == '0') || (buf[0] == 0x00))
      {   //收到字符"0"或数值 0 则灭灯
        HalLedSet( HAL_LED_2, HAL_LED_MODE_OFF);
      }
      else
      {   //非 0 或"0"则亮灯
        HalLedSet( HAL_LED_2, HAL_LED_MODE_ON);
      }
    }
    //设置事件，以便下次再次进入事件
    osal_set_event( UartApp_TaskID, UART_APP_EVT );
    return (events ^ UART_APP_EVT);   // 清除任务标志
  }

  // Discard unknown events
  return 0;
}
```

（4）打开 OSAL_SampleApp.c 文件，在任务数组 const pTaskEventHandlerFntasksArr[] 中增加应用层任务处理函数 UartApp_ProcessEvent()，保证新任务的事件处理函数得到调度，如图 4-13 所示。

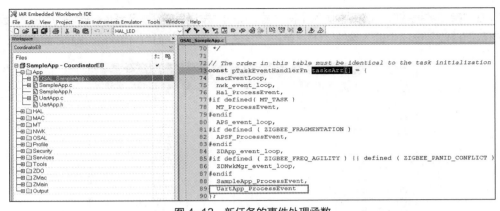

图 4-13　新任务的事件处理函数

（5）打开 OSAL_SampleApp.c 文件，在 osalInitTasks()函数中增加对新任务的初始化函数的调用，为新任务分配任务 ID，如图 4-14 所示。

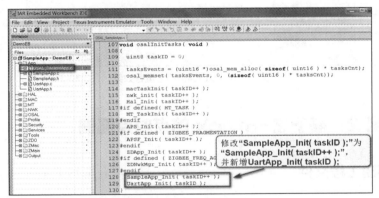

图 4-14　新任务的初始化函数

（6）在 OSAL_SampleApp.c 中添加头文件 UartApp.h 的引用，如图 4-15 所示。

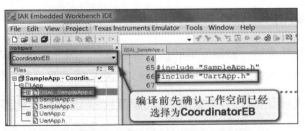

图 4-15　添加头文件 UartApp.h 的引用

4.5.8　下载和运行

编译链接无误后，给一块 ZigBee 模块上电，将程序下载到 ZigBee 模块中。然后，打开上位机串口调试助手，设置波特率为 115200。串口通信程序运行效果如图 4-16 所示。

（1）在"串口数据接收"窗口会间隔 1s 显示字符串"Hello ZigBee!"。

（2）在"串口数据接收"窗口中输入字符"1"，单击"发送"按钮，ZigBee 模块的 LED2 会点亮。在"串口数据接收"窗口中输入字符"0"，单击"发送"按钮，ZigBee 模块的 LED2 会熄灭。

图 4-16　串口通信程序运行效果

4.6　任务 2：基于 Z-Stack 的点对点通信

4-3　微课

基于 Z-Stack 的
点对点通信

4.6.1　创建工程文件

为 4.5.1 小节的 IAR 工程文件制作副本进行备份，再将这个副本重命名为"2 基于 Z-Stack 的点对点通信"，然后打开该 IAR 工程文件。

4.6.2　修改 SampleApp.h 头文件

打开 SampleApp.h 头文件，删除周期时长、事件编号、闪烁时长、闪烁组编号的宏定义，删除的代码如图 4-17 所示。然后新增 LED 相关宏定义和灯切换消息，新增代码如图 4-18 所示。

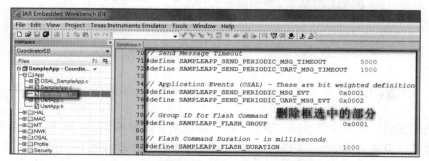

图 4-17　删除 SamleApp.h 头文件的宏定义

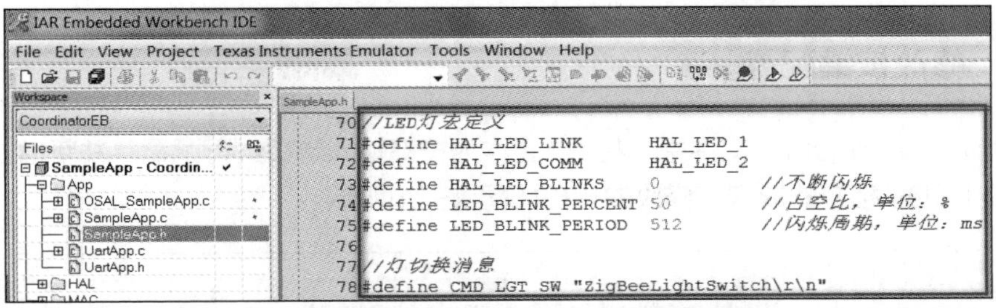

图 4-18 新增 LED 相关宏定义和灯切换消息

4.6.3 修改簇相关信息

（1）修改簇列表。在 SampleApp.c 文件中删除无效簇列表成员，新增的簇列表成员为"SAMPLEAPP_LIGHT_SWITCH_CLUSTERID"，如图 4-19 所示。

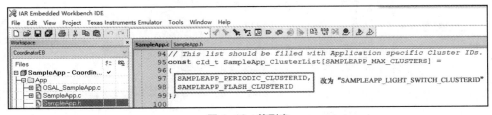

图 4-19 簇列表

（2）修改簇宏定义。在 SampleApp.h 文件中，删除如图 4-20 所示的簇定义方框内的内容，然后新增最大簇数量和灯切换的簇编号的宏，分别为 1。

```
#define SAMPLEAPP_MAX_CLUSTERS          1       //最大簇数
#define SAMPLEAPP_LIGHT_SWITCH_CLUSTERID 1 //灯切换簇编号
```

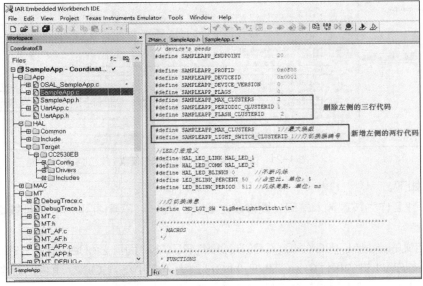

图 4-20 簇定义

4.6.4　修改按键配置

（1）在 hal_board_cfg.h 文件中，将 P1.2 作为按键输入端口进行配置，并新增 LED4 的 I/O 口定义，修改 LED4 相应的内容。修改的代码如图 4-21 所示。

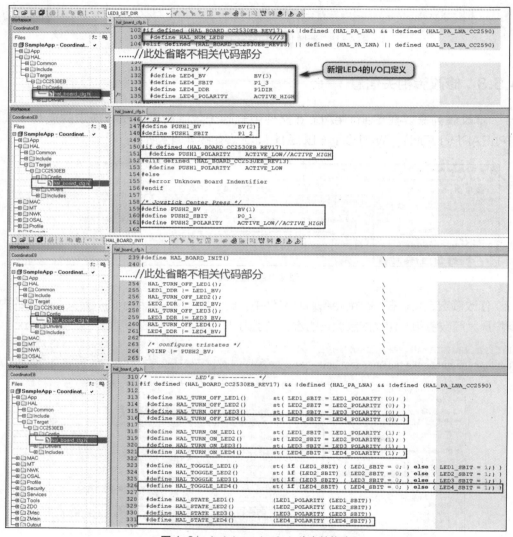

图 4-21　hal_board_cfg.h 头文件修改

修改说明如下。

① 配置 P1.2 作为按键输入端口，要修改为 BV(2)和 P1_2，hal_key.c 文件按键参数修改如图 4-22 所示。

② 默认定义的是 HAL_BOARD_CC2530EB_REV17，而且 ZigBee 模块上的 SW1 键是低电平有效的，将 SW1 键的极性由 ACTIVE_HIGH 改为 ACTIVE_LOW。再将相对应的 LED4 的初始化、开关操作、灯状态做修改和调整。

（2）修改 hal_key.c 文件（在 HAL\Target\CC2530EB\Drivers 目录下）。

① 修改 HAL_KEY_SW_6 的通用 I/O 口所在位置和配套的中断参数，hal_key.c 文件中参数修改如图 4-23 所示。

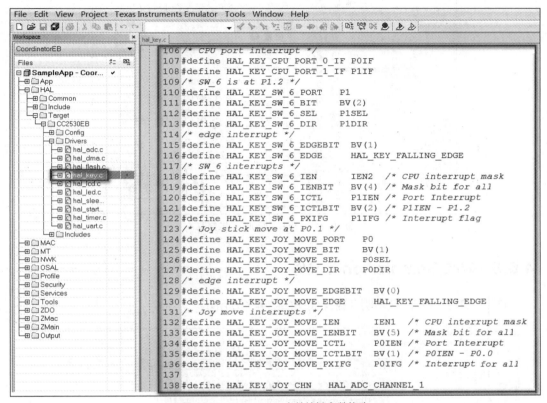

图 4-22　hal_key.c 文件按键参数修改

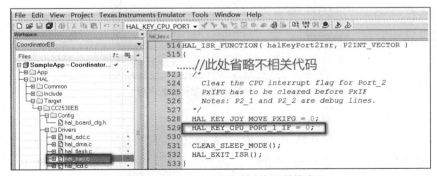

图 4-23　hal_key.c 文件中断函数修改

② 修改 HalKeyPoll()函数。该函数主要用于检测按键是否被按。这里需要调整读取 HAL_KEY_SW_6 的键值的顺序，否则在轮询方式下检测不到按键，修改的代码如图 4-24 所示。

在轮询方式下，图 4-24 中的第 332 行代码用于判断按键是否和以前保留的按键值相同，如果相同则直接返回，从而不会执行按键回调函数的处理。所以在轮询方式下，一定要把 if（HAL_PUSH_BUTTON1()）语句提前。

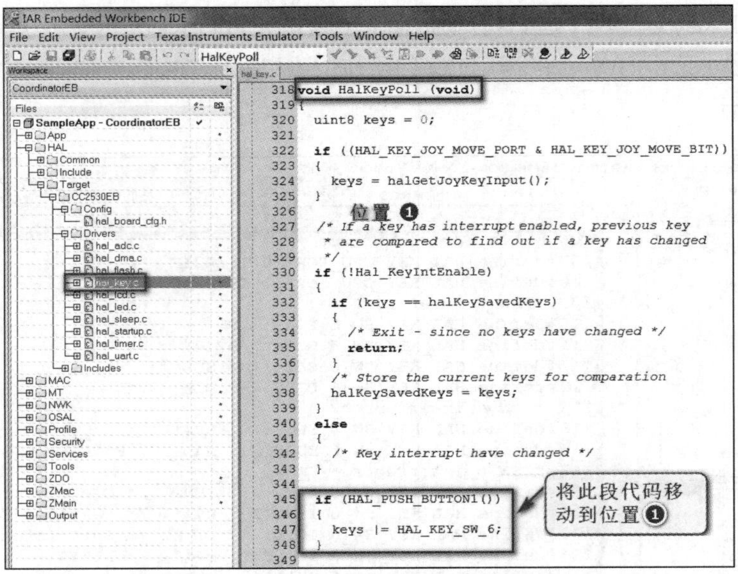

图 4-24　HalKeyPoll()函数修改

4.6.5　修改 SampleApp.c 文件

（1）删除无效变量和函数声明，删除代码如图 4-25 所示。

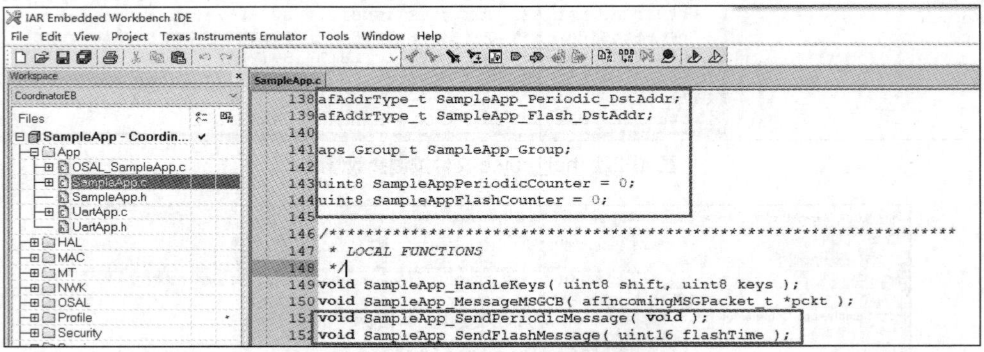

图 4-25　删除无效变量和函数声明

（2）修改 SampleApp_Init()初始化函数。

删除函数内的无效代码，并新增调试信息"DEBUG_PRINT("Hello ZigBee !\r\n");"，使用函数 DEBUG_PRINT()往串口打印调试信息时，必须引用头文件 UartApp.h，即在相应的.c 文件中添加代码"#include "UartApp.h""。DEBUG_PRINT()的用法和 printf()的一样，请自行查阅 printf()的相关用法。

修改后的完整代码如下所示。

```
void SampleApp_Init( uint8 task_id )
{
  SampleApp_TaskID = task_id;
  SampleApp_NwkState = DEV_INIT;
```

```
     SampleApp_TransID = 0;
     // Device hardware initialization can be added here or in main() (Zmain.c)
     // If the hardware is application specific - add it here
     // If the hardware is other parts of the device add it in main()
     // Fill out the endpoint description.
     SampleApp_epDesc.endPoint = SAMPLEAPP_ENDPOINT;
     SampleApp_epDesc.task_id = &SampleApp_TaskID;
     SampleApp_epDesc.simpleDesc = (SimpleDescriptionFormat_t *)&SampleApp_SimpleDesc;
     SampleApp_epDesc.latencyReq = noLatencyReqs;
     // Register the endpoint description with the AF
     afRegister( &SampleApp_epDesc );
     // Register for all key events - This app will handle all key events
     RegisterForKeys( SampleApp_TaskID );
     DEBUG_PRINT("Hello ZigBee !\r\n");
   }
```

代码分析如下。

① 首先对节点描述符进行初始化，初始化格式较为固定，一般不需要修改。

② 调用 afRegister()函数将节点描述符进行注册，只有注册以后，才可以使用操作系统抽象层提供的系统服务。

③ 调用 RegisterForKeys()函数（按键注册函数在 ZMain 目录下的 OnBoard.c 文件中）进行按键注册。若要使用按键，必须先对按键进行注册，并且按键仅能注册给一个层。否则，应用层接收不到按键消息。

（3）修改 SampleApp_ProcessEvent()事件处理函数。

该函数主要从消息队列上接收消息，对接收到的消息进行判断，如果接收到网络状态变化事件（ZDO_STATE_CHANGE），就进行入网状态指示灯处理。针对本任务需求，该事件实现的功能是当协调器形成网络或者终端节点入网成功后，通过 LED2 指示灯提示用户。若协调器形成网络，则指示灯 LDE2 处于常亮状态；若终端节点入网成功，则指示灯 LDE2 处于闪烁状态。

修改后的代码如下所示。

```
  case ZDO_STATE_CHANGE:
    SampleApp_NwkState = (devStates_t)(MSGpkt->hdr.status);
    if (SampleApp_NwkState == DEV_ZB_COORD)
    {
      //设备组网成功
      HalLedSet (HAL_LED_COMM, HAL_LED_MODE_ON);
    }
    else if ( (SampleApp_NwkState == DEV_ROUTER) || (SampleApp_NwkState == DEV_END
_DEVICE) )
    {
      //设备入网成功
      HalLedBlink (HAL_LED_COMM, HAL_LED_BLINKS, LED_BLINK_PERCENT, LED_BLINK_PERI
OD);
    }
    else
    {
      // Device is no longer in the network
```

```
        HalLedSet (HAL_LED_COMM, HAL_LED_MODE_OFF);
    }
    break;
```

同时为了提高代码的可读性，在该函数中删除 SAMPLEAPP_SEND_PERIODIC_MSG_EVT
和 SAMPLEAPP_SEND_PERIODIC_UART_MSG_EVT 事件处理代码，如图 4-26 所示。

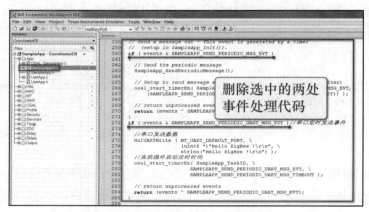

图 4-26　删除周期事件处理

（4）删除 SampleApp_SendPeriodicMessage()和 SampleApp_SendFlashMessage()两
个函数的原型和声明，如图 4-27 所示。

```
void SampleApp_SendPeriodicMessage( void )
{
    if ( AF_DataRequest( &SampleApp_Periodic_DstAddr, &SampleApp_epDesc,
                    SAMPLEAPP_PERIODIC_CLUSTERID,
                    1,
                    (uint8*)&SampleAppPeriodicCounter,     删除无效函数
                    &SampleApp_TransID,
                    AF_DISCV_ROUTE,
                    AF_DEFAULT_RADIUS ) == afStatus_SUCCESS )
    {
    }
    else
    {
      // Error occurred in request to send.
    }
}
```

```
void SampleApp_SendFlashMessage( uint16 flashTime )
{
    uint8 buffer[3];                         删除无效函数
    buffer[0] = (uint8)(SampleAppFlashCounter++);
    buffer[1] = LO_UINT16( flashTime );
    buffer[2] = HI_UINT16( flashTime );

    if ( AF_DataRequest( &SampleApp_Flash_DstAddr, &SampleApp_epDesc,
                    SAMPLEAPP_FLASH_CLUSTERID,
                    3,
                    buffer,
                    &SampleApp_TransID,
                    AF_DISCV_ROUTE,
                    AF_DEFAULT_RADIUS ) == afStatus_SUCCESS )
    {
    }
    else
    {
      // Error occurred in request to send.
    }
}
```

图 4-27　删除无效函数

4.6.6　修改串口相关信息

（1）在 UartApp.c 中定义串口打印缓存数组 PrintfBuf[USER_MAX_UART_LEN]，并修改 UartApp_ProcessEvent()函数，修改代码如下。

```
char PrintfBuf [USER_MAX_UART_LEN]={0}; //串口打印缓存数组
uint16 UartApp_ProcessEvent( uint8 task_id, uint16 events )
{
  (void)task_id;  // Intentionally unreferenced parameter

  if ( events & UART_APP_EVT )
  {
    if(Hal_UART_RxBufLen(MT_UART_DEFAULT_PORT) > 0)
    {//串口收到数据
      uint8 TempOld = 0;
      uint8 TempNew = 0;
      uint8 TimeCnt = 0;
      uint8 buf[USER_MAX_UART_LEN] = {0};
      do{
        TempOld = TempNew;
        //以下 NOP 等效 10us。传输 1 个字节，当波特率为 115200 时，用时 8.6us
        NOP();NOP();NOP();NOP();NOP();
        NOP();NOP();NOP();NOP();NOP();
        NOP();NOP();NOP();NOP();NOP();
        NOP();NOP();NOP();NOP();NOP();
        TempNew = Hal_UART_RxBufLen(MT_UART_DEFAULT_PORT);
        if(TempOld == TempNew)
        {TimeCnt++;}
        else
        {TimeCnt = 0;}
      }while((TempNew > 0) && (TimeCnt <30));
      //串口字节接收间隔超过 3 个字节视为接收完成
      //8.6×3≈30us
      memset(buf, '\0', USER_MAX_UART_LEN);
      HalUARTRead(MT_UART_DEFAULT_PORT,buf,USER_MAX_UART_LEN);//从串口读取数据
      //回显
      HalUARTWrite ( MT_UART_DEFAULT_PORT, (uint8 *)buf, TempNew );//串口回显
    }
    //设置事件，以便下次再次进入事件
    osal_set_event( UartApp_TaskID, UART_APP_EVT );
    return (events ^ UART_APP_EVT);    // 清除任务标志
  }

  // Discard unknown events
  return 0;
}
```

（2）在 UartApp.h 中新增代码如下。

```
#include <string.h>
```

```
#include <stdio.h>
#include "MT_UART.h"
#define NOP()    asm("NOP")
#define USER_MAX_UART_LEN 128 //用户串口数据最大缓存大小
extern char PrintfBuf[USER_MAX_UART_LEN]; //串口打印缓存数组
//从串口输出调试消息，用法和printf()函数一致
#define          DEBUG_PRINT(fmt, args...) \
do{ \
memset(PritfBuf, '\0', USER_MAX_UART_LEN); \
 sprintf((char *)PrintfBuf, fmt, ##args); \
 HalUARTWrite ( MT_UART_DEFAULT_PORT, \
 (uint8 *)PrintfBuf, \
 strlen((const char *)PritnfBuf) ); \
}while(0)
```

4.6.7 编写协调器代码

（1）增加协调器文件。

将文件 SampleApp.c 复制两份，分别命名为：Coordinator.c 和 EndDevice.c，如图 4-28 所示。

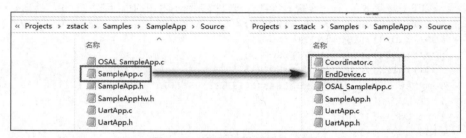

图 4-28 协调器和终端节点.c 文件

（2）在 IAR 工程中添加协调器和终端节点源文件，并移除 SampleApp.c，如图 4-29 所示。

图 4-29 添加协调器和终端节点源文件

（3）修改 SampleApp_HandleKeys()函数。

在 Coordinator.c 中修改 SampleApp_HandleKeys()函数，如果按键是 SW1，则点亮 LED1。

```
void SampleApp_HandleKeys( uint8 shift, uint8 keys )
{
```

```
    (void)shift;  // Intentionally unreferenced parameter
    if ( keys & HAL_KEY_SW_6 )
    {  HalLedSet (HAL_LED_LINK, HAL_LED_MODE_TOGGLE);  }  //控制灯切换

}
```

（4）修改 SampleApp_MessageMSGCB()函数，增加对无线数据事件消息的处理；首先判断消息的簇 ID 是否是灯切换的簇 ID，如果是，然后检查接收到的内容是否正确，如果是 "ZigBeeLightSwitch" 字符，则切换 LED1 的亮灭状态，从而实现远程控制 LED 的功能。

```
void  SampleApp_MessageMSGCB( afIncomingMSGPacket_t *pkt )
{
  switch ( pkt->clusterId )
  {
    case SAMPLEAPP_LIGHT_SWITCH_CLUSTERID:
      if(strstr((const char *)(pkt->cmd.Data), (const char *)CMD_LGT_SW) != NULL)
//检查是否收到 CMD_LGT_SW
      {
          HalLedSet (HAL_LED_LINK, HAL_LED_MODE_TOGGLE);
      }
      DEBUG_PRINT("%s",pkt->cmd.Data);//输出收到的消息至串口
      break;
    default : break;
  }
}
```

4.6.8　编写终端代码

（1）在 EndDevice.c 中编写函数 void SampleApp_SendLightSwitchMessage(void)，并在适当位置添加该函数的声明。该函数主要用于构造消息，如灯切换消息，并通过 AF_DataRequest()函数向协调器发送消息。

```
    /**********************************************************************
**************
    *函数: SampleApp_SendLightSwitchMessage( void )
    *功能: 发送灯切换消息
    *输入: 无
    *输出: 无
    *返回: 无
    *特殊说明: 无
    **********************************************************************
**************
    void SampleApp_SendLightSwitchMessage( void )
    {
#define STR_LEN_TX 32
    uint8 buffer[STR_LEN_TX] = {0};
    memset(buffer, '\0', STR_LEN_TX);
    sprintf((char *)buffer, CMD_LGT_SW);

    // Setup for the flash command's destination address
    afAddrType_t SampleApp_Switch_DstAddr;
```

```
SampleApp_Switch_DstAddr.addrMode = (afAddrMode_t)Addr16Bit;
SampleApp_Switch_DstAddr.endPoint = SAMPLEAPP_ENDPOINT;
SampleApp_Switch_DstAddr.addr.shortAddr = 0x0000;//协调器地址为0x0000

if ( AF_DataRequest( &SampleApp_Switch_DstAddr, &SampleApp_epDesc,
                     SAMPLEAPP_LIGHT_SWITCH_CLUSTERID,
                     STR_LEN_TX,
                     buffer,
         &SampleApp_TransID,
                     AF_DISCV_ROUTE,
                     AF_DEFAULT_RADIUS ) == afStatus_SUCCESS )
{
}
else
{
  // Error occurred in request to send
}
}
```

代码分析如下。

① 首先定义了一个数组 buffer，用于存放要发送的数据；

② 然后定义了一个 afAddrType_t 类型的变量 SampleApp_Switch_DstAddr，因为数据发送函数 AF_DataRequest()的第一个参数就是这种类型的变量；

③ 其次将发送地址模式设置为单播（Addr16Bit 表示单播）；

④ 在 ZigBee 网络中，协调器的网络地址固定为 0x0000，因此，向协调器发送数据时，可以直接指定协调器的网络地址；

⑤ 最后调用数据发送函数 AF_DataRequest()进行无线数据的发送。

（2）修改 SampleApp_HandleKeys()函数，该函数的主要功能是判断按键是否被按。ZigBee 模块上的 SW1 对应的键值是 HAL_KEY_SW_6，当模块上的按键 SW1 被按时，将会读取到键值 HAL_KEY_SW_6，调用 SampleApp_SendLightSwitchMessage()函数向协调器发送消息。

```
void  SampleApp_HandleKeys( uint8 shift, uint8 keys )
{
  (void)shift;  // Intentionally unreferenced parameter
  if ( keys & HAL_KEY_SW_6 )
  { SampleApp_SendLightSwitchMessage();  }  //发送灯切换消息
}
```

（3）修改 SampleApp_MessageMSGCB()函数。该函数的主要功能是从无线接收到消息后，将接收的消息显示到串口调试软件上。

```
void SampleApp_MessageMSGCB( afIncomingMSGPacket_t *pkt )
{
  switch ( pkt->clusterId )
  {
    case SAMPLEAPP_LIGHT_SWITCH_CLUSTERID:
      DEBUG_PRINT("%s",pkt->cmd.Data);//输出收到的消息至串口
      break;
    default : break;
```

```
    }
}
```

4.6.9　模块编译与下载

1. 协调器模块

将 ZigBee 模块（黑板）固定在 NEWLab 平台，在"Workspace"栏下选择"CoordinatorEB"→"EndDevice.c"，右击选择"Options"选项，在弹出的对话框中勾选"Exclude from build"复选框，然后单击"OK"按钮。重新编译程序无误后，给 NEWLab 平台上电，下载协调器程序。

2. 终端模块

将 ZigBee 模块（白板）固定在 NEWLab 平台，在"Workspace"栏下选择"EndDeviceEB"→"coordinator.c"，右击选择"Options"选项，在弹出的对话框中勾选"Exclude from build"复选框，然后单击"OK"按钮。重新编译程序无误后，给 NEWLab 平台上电，下载终端程序。

4.6.10　程序运行

在终端节点按 SW1 键，协调器收到数据后，会使协调器节点的 LED1 切换亮/灭状态。

如果学生集体做实验的话，建议将协调器和终端模块的网络 ID 修改为自己的网络 ID，而且这个网络 ID 必须是不与他人重复的唯一编号，从而实现相互之间互不干扰，如图 4-30 所示。

图 4-30　网络 ID

点对点程序运行效果如图 4-31 所示。

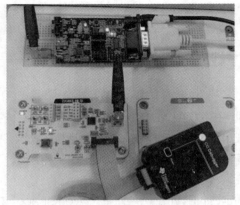

图 4-31　点对点程序运行效果

4.7 任务 3：基于 Z-Stack 的点对多点通信

4-4　微课

基于 Z-Stack 的
点对多点通信

4.7.1　创建工程文件

为 4.6.1 小节的 IAR 工程文件制作副本进行备份，再将这个副本重命名为"3
基于 Z-Stack 的点对多点通信"，然后打开该 IAR 工程文件。

4.7.2　修改 SampleApp.h 头文件

在头文件中增加组播相关定义及 LED 快闪周期宏定义，如图 4-32 所示。

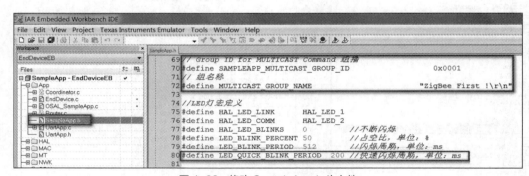

图 4-32　修改 SampleApp.h 头文件

4.7.3　修改协调器 Coordinator.c 文件

（1）修改 SampleApp_Init()初始化函数，实现设备启动后自动加入组播组 1 中。首先增加子
函数 SampleApp_AddGroup()实现加入组播组功能，然后在 SampleApp_Init()函数中调用该子
函数完成组播组的加入，需要在 Coordinator.c 中新增的代码如下所示。

```
/***********************************************************************
**********
```

```
*函数: SampleApp_AddGroup( void )
*功能: 往指定端点中添加一个组信息, 这个信息包含端点编号、组 ID 和组名
*输入:
*      uint8 endpoint, 端点编号
*      uint16 groupID, 组 ID
*      uint8 *groupName, 组名
*输出: 无
*返回: 无
*特殊说明: 如果定义了 NV_RESTORE, aps_AddGroup()函数将会将组信息保存到非易失性存储器中
****************************************************************************
**********/
void SampleApp_AddGroup( uint8 endpoint, uint16 groupID, uint8 *groupName )
{
  aps_Group_t SampleApp_Group;
  SampleApp_Group.ID = groupID;
  osal_memcpy( SampleApp_Group.name, groupName, strlen((const char *)groupName) )
;
  aps_AddGroup( endpoint, &SampleApp_Group );
  /*Call this function(Such as: aps_AddGroup( )、aps_RemoveGroup( ) ... ) ,
    If NV_RESTORE is enabled, this function will operate non-volatile memory*/
}
```

代码分析如下。

① 首先设置组 ID。为了进行组播通信, 需要设置一个组 ID;

② 设置组名;

③ 调用 aps_AddGroup()函数将端点加入指定组。

在 Coordinator.c 中函数 SampleApp_Init()的末尾处增加对 SampleApp_AddGroup()函数调用的代码, SampleApp_Init()的最终代码如下。

```
void SampleApp_Init( uint8 task_id )
{
  SampleApp_TaskID = task_id;
  SampleApp_NwkState = DEV_INIT;
  SampleApp_TransID = 0;
  // Device hardware initialization can be added here or in main() (Zmain.c)
  // If the hardware is application specific - add it here
  // If the hardware is other parts of the device add it in main()
  // Fill out the endpoint description.
  SampleApp_epDesc.endPoint = SAMPLEAPP_ENDPOINT;
  SampleApp_epDesc.task_id = &SampleApp_TaskID;
  SampleApp_epDesc.simpleDesc = (SimpleDescriptionFormat_t *)&SampleApp_SimpleDesc;
  SampleApp_epDesc.latencyReq = noLatencyReqs;
  // Register the endpoint description with the AF
  afRegister( &SampleApp_epDesc );
  // Register for all key events - This app will handle all key events
  RegisterForKeys( SampleApp_TaskID );
  //新增代码
#ifndef SAMPLE_APP_BROADCAST //非广播
  //添加组信息
  SampleApp_AddGroup( SAMPLEAPP_ENDPOINT, SAMPLEAPP_MULTICAST_GROUP_ID, (uint8 *)
```

```
MULTICAST_GROUP_NAME );
   #endif /*SAMPLE_APP_BROADCAST*/
     DEBUG_PRINT("Hello ZigBee !\r\n");
   }
```

（2）增加协调器按 SW1 按键后以组播或者广播模式发送消息的功能。首先在 Coordinator.c 中编写 SampleApp_SendLightSwitchMessage()子函数实现以广播或者组播模式发送消息，然后接收按键事件调用该子函数完成按键消息的处理。

```
   /*******************************************************************************

   *函数:  SampleApp_SendLightSwitchMessage( void )
   *功能: 发送灯切换命令
   *输入: 无
   *输出: 无
   *返回: 无
   *特殊说明: 无
   *******************************************************************************
*********/

   void SampleApp_SendLightSwitchMessage( void )
   {
#define STR_LEN_TX 32
   uint8 buffer[STR_LEN_TX] = {0};
   memset(buffer, '\0', STR_LEN_TX);
   sprintf((char *)buffer, CMD_LGT_SW);
#ifdef SAMPLE_APP_BROADCAST //广播
   //设置广播模式
   afAddrType_t SampleApp_DstAddr;
   SampleApp_DstAddr.addrMode = (afAddrMode_t)AddrBroadcast;
   SampleApp_DstAddr.endPoint = SAMPLEAPP_ENDPOINT;
   SampleApp_DstAddr.addr.shortAddr = 0xFFFF;
#else //组播
   // 设置为组播模式
   afAddrType_t SampleApp_DstAddr;
   SampleApp_DstAddr.addrMode = (afAddrMode_t)afAddrGroup;
   SampleApp_DstAddr.endPoint = SAMPLEAPP_ENDPOINT;
   SampleApp_DstAddr.addr.shortAddr = SAMPLEAPP_MULTICAST_GROUP_ID;
#endif /*SAMPLE_APP_BROADCAST*/
   if ( AF_DataRequest( &SampleApp_DstAddr, &SampleApp_epDesc,
                       SAMPLEAPP_LIGHT_SWITCH_CLUSTERID,
                       STR_LEN_TX,
                       buffer,
                       &SampleApp_TransID,
                       AF_DISCV_ROUTE,
                       AF_DEFAULT_RADIUS ) == afStatus_SUCCESS )

   {
   }
   else
   {
     // Error occurred in request to send.
```

```
    }
}
```

代码分析如下。

① 预编译选项，如果定义了广播的宏，则启用广播模式发送；

② 组播参数配置，其中第 24 行发送地址模式设置为组播，发送地址为注册的组 ID。

在 SampleApp_HandleKeys()函数中增加 SampleApp_SendLightSwitchMessage()子函数调用，其中加粗部分为新增代码。

```
void  SampleApp_HandleKeys( uint8 shift, uint8 keys )
{
  (void)shift;  // Intentionally unreferenced parameter

  if ( keys & HAL_KEY_SW_6 )
  {
    HalLedSet (HAL_LED_LINK, HAL_LED_MODE_TOGGLE);//控制灯切换
    SampleApp_SendLightSwitchMessage();
  }
}
```

（3）修改 SampleApp_MessageMSGCB()函数，实现接收到消息显示功能。修改后的代码如下所示。

```
void SampleApp_MessageMSGCB( afIncomingMSGPacket_t *pkt )
{
  switch ( pkt->clusterId )
  {
    case SAMPLEAPP_LIGHT_SWITCH_CLUSTERID:
      DEBUG_PRINT("%s",pkt->cmd.Data);//输出收到的消息至串口
      break;
    default : break;
  }
}
```

（4）增加函数声明。在 Coordinator.c 文件的函数声明处增加新函数声明，如图 4-33 所示。

```
93    void SampleApp_HandleKeys( uint8 shift, uint8 keys );
94    void SampleApp_MessageMSGCB( afIncomingMSGPacket_t *pckt );
95    void SampleApp_AddGroup( uint8 endpoint, uint16 groupID, uint8 *groupName );
96    void SampleApp_SendLightSwitchMessage( void );
97
```
新增函数声明

图 4-33　Coordinator.c 新增函数声明

4.7.4　修改终端节点 EndDevice.c 文件

（1）修改 SampleApp_Init()初始化函数，修改点参考协调器初始化代码修改。

（2）修改 SampleApp_MessageMSGCB()函数，终端节点接收到消息后，判断是否是"ZigBeeLightSwitch"字符，如果是，则切换 LED2 的状态，从而实现协调器远程控制终端节点的 LED。修改后的代码如下所示。

```
void SampleApp_MessageMSGCB( afIncomingMSGPacket_t *pkt )
```

```
{
  switch ( pkt->clusterId )
  {
    case SAMPLEAPP_LIGHT_SWITCH_CLUSTERID:
      if(strstr((const char *)(pkt->cmd.Data), (const char *)CMD_LGT_SW) != NULL)
      {
        HalLedSet (HAL_LED_LINK, HAL_LED_MODE_TOGGLE);
      }
      DEBUG_PRINT("%s",pkt->cmd.Data);//输出收到的消息至串口
      break;
    default : break;
  }
}
```

（3）修改 SampleApp_HandleKeys()函数，实现组播组加入和离开切换功能。当在终端节点按 SW1 键后，若设备在组播组 1 中，则将其从组播组 1 中移除；若设备不在组播组 1 中，则将其添加到组播组 1 中。修改后的代码如下所示。

```
void SampleApp_HandleKeys( uint8 shift, uint8 keys )
{
  (void)shift;  // Intentionally unreferenced parameter

  if ( keys & HAL_KEY_SW_6 )
  {
#ifndef SAMPLE_APP_BROADCAST //非广播
    //每次有按键，若设备在组播组 x 中，则将其从组播组 x 中移除；若设备不在组播组 x 中，则将其添加到
组播组 x 中
    aps_Group_t *grp;
    grp = aps_FindGroup( SAMPLEAPP_ENDPOINT, SAMPLEAPP_MULTICAST_GROUP_ID );
    if ( grp )
    {
    // Remove from the group
    aps_RemoveGroup( SAMPLEAPP_ENDPOINT, SAMPLEAPP_MULTICAST_GROUP_ID );
    HalLedBlink( HAL_LED_LINK, HAL_LED_BLINKS, LED_BLINK_PERCENT, LED_QUICK_BLI
NK_PERIOD );
      DEBUG_PRINT("退出组\r\n");
    }
    else
    {
    // Add to the group
    SampleApp_AddGroup( SAMPLEAPP_ENDPOINT, SAMPLEAPP_MULTICAST_GROUP_ID, (uint
8 *)MULTICAST_GROUP_NAME );
      HalLedSet( HAL_LED_LINK, HAL_LED_MODE_OFF );
      DEBUG_PRINT("加入组\r\n");
    }
#endif /*SAMPLE_APP_BROADCAST*/
  }
}
```

代码分析如下。

① 调用 aps_FindGroup()函数根据端点和组 ID 从组播表查找组索引；

② 如果找到组索引，调用 aps_RemoveGroup()函数将端点从组播组中移除；

③ 如果没有找到索引，调用 SampleApp_AddGroup() 函数将端点加入组播组。

（4）新增 SampleApp_AddGroup() 函数，实现往指定端点中添加一个组信息的功能，并在函数声明的位置添加该函数的声明，代码如下所示。

```
/***********************************************************************
***************
*函数: SampleApp_AddGroup( uint8 endpoint, uint16 groupID, uint8 *groupName )
*功能: 往指定端点中添加一个组信息, 这个信息包含端点编号、组 ID 和组名
*输入:
*      uint8 endpoint, 端点编
*      uint16 groupID, 组 ID
*      uint8 *groupName, 组名
*输出: 无
*返回: 无
*特殊说明: 如果定义了 NV_RESTORE, aps_AddGroup() 函数会将组信息保存到非易失性存储器中
***********************************************************************
**************/
void SampleApp_AddGroup( uint8 endpoint, uint16 groupID, uint8 *groupName )
{
  aps_Group_t SampleApp_Group;
  SampleApp_Group.ID = groupID;
  osal_memcpy( SampleApp_Group.name, groupName, strlen((const char *)groupName) );
  aps_AddGroup( endpoint, &SampleApp_Group );
  /*Call this function(Such as: aps_AddGroup( )、aps_RemoveGroup( ) ... ) ,
    If NV_RESTORE is enabled, this function will operate non-volatile memory.*/
}
```

4.7.5　生成路由节点 Router.c 文件

复制 EndDevice.c 文件，然后将复制后的文件重命名为 "Router.c"，如图 4-34 所示。最后在 IAR 工程中将 Router.c 添加到工作空间下的 App 组内。

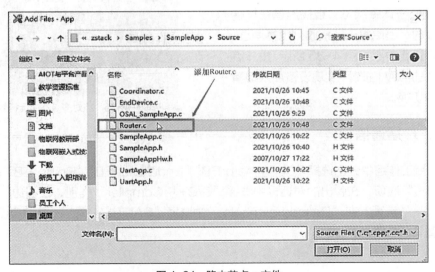

图 4-34　路由节点.c 文件

4.7.6　模块编译与下载

1. 协调器模块

将 ZigBee 模块（黑板）固定在 NEWLab 平台，在"Workspace"栏下选择"Coordinator EB"→"EndDevice.c"，右击，选择"Options"选项，在弹出的对话框中勾选"Exclude from build"复选框，然后单击"OK"按钮。选择"Router.c"，右击，选择"Options"选项，在弹出的对话框中勾选"Exclude from build"复选框，然后单击"OK"按钮。重新编译程序无误后，给 NEWLab 平台上电，下载协调器程序。

2. 终端模块

将 ZigBee 模块（白板）固定在 NEWLab 平台，在"Workspace"栏下选择"EndDevice EB"→"Coordinator.c"，右击，选择"Options"选项，在弹出的对话框中勾选"Exclude from build"复选框，然后单击"OK"按钮。选择"Router.c"，右击，选择"Options"选项，在弹出的对话框中勾选"Exclude from build"复选框，然后单击"OK"按钮。重新编译程序无误后，给 NEWLab 平台上电，下载终端程序。

3. 路由模块

将 ZigBee 模块（白板）固定在 NEWLab 平台，在"Workspace"栏下选择"RouterEB"→"Coordinator.c"，右击，选择"Options"选项，在弹出的对话框中勾选"Exclude from build"复选框，然后单击"OK"按钮。选择"EndDevice.c"，右击，选择"Options"选项，在弹出的对话框中勾选"Exclude from build"复选框，然后单击"OK"按钮。重新编译程序无误后，给 NEWLab 平台上电，下载终端程序。

4.7.7　程序运行

在协调器节点按 SW1 键，路由节点收到数据后，使路由节点的 LED1 切换亮/灭状态。组播模式下终端处于休眠状态，组播消息在终端休眠期间传播时，终端将无法接收到组播消息。点对多点程序运行效果如图 4-35 所示。按节点 2 或者节点 3 的 SW1 按键，实现设备加入组播和移除组播的切换。

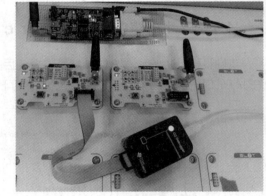

图 4-35　点对多点程序运行效果

4.7.8　广播通信

（1）在项目工作组中分别选择"CoordinatorEB""EndDeviceEB""RouterEB"模块，右击，选择"Options"选项，在弹出的对话框中选择"C/C++ Compiler"类别，在右边的窗口中选择"Preprocessor"选项，在"Defined symbols:"中选择"SAMPLE_APP_ BROADCAST"，具体设置如图 4-36 所示。

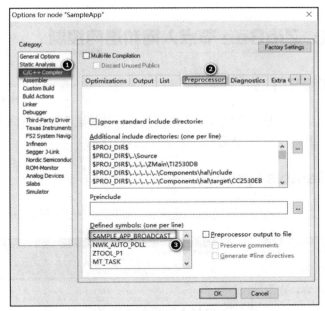

图 4-36　SAMPLE_APP_BROADCAST 编译选项

（2）重新编译"CoordinatorEB""EndDeviceEB""RouterEB"3 个工程。编译程序无误后，给 NEWLab 平台上电，分别下载协调器、终端节点和路由节点程序。

（3）运行程序。按协调器节点 SW1 键，路由节点或者终端节点收到数据后，各自节点的 LED1 切换亮/灭状态，点对多点程序运行效果如图 4-36 所示。

如果需要恢复成组播通信模式，可以在预编译配置中删除 SAMPLE_APP_BROADCAST 编译选项，修改方法如图 4-37 所示。然后重复图中步骤②和③，就能够看到运行效果。

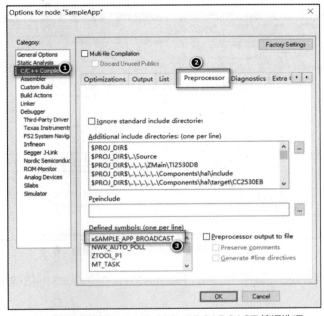

图 4-37　删除 SAMPLE_APP_BROADCAST 编译选项

4.8 任务 4：ZigBee 节点入网和退网控制

4-5 微课

ZigBee 节点入网
和退网控制

4.8.1 创建工程文件

为 4.7.1 小节中的 IAR 工程文件制作副本进行备份，并将这个副本重命名为"4 ZigBee 节点入网和退网控制"，然后打开该 IAR 工程文件。

4.8.2 修改 SampleApp.h 头文件

在 SampleApp.h 文件中增加入网控制的宏定义，如图 4-38 所示。

图 4-38 入网控制宏定义

4.8.3 修改协调器 Coordinator.c 文件

（1）修改 SampleApp_Init()函数，在该函数内增加设备上电后禁止设备入网功能的代码，如图 4-39 所示。

图 4-39 修改 SampleApp_Init()函数

代码分析：在设备启动后，调用 NLME_PermitJoiningRequest()函数禁止加入网络，入网的持续时间为 0x00。

（2）按键代码修改。修改 SampleApp_HandleKeys()函数对按键的处理，实现协调器控制允许/禁止入网。同时通过 LED 指示状态，如果协调器允许入网则点亮 LED1，否则熄灭 LED1 禁止入网。允许/禁止入网修改代码如图 4-40 所示。

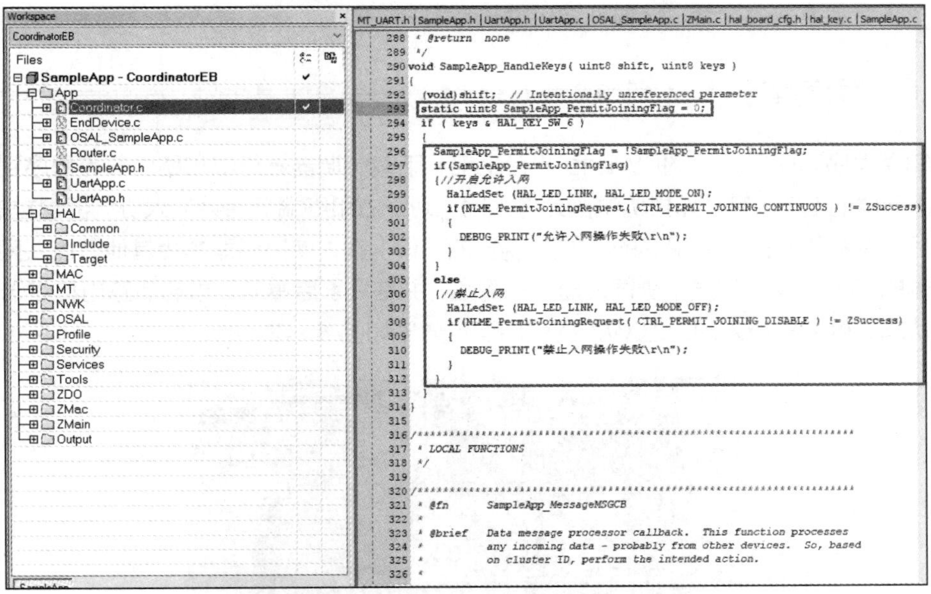

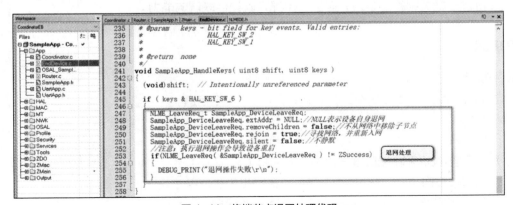

图 4-40　允许/禁止入网修改代码

代码分析：通过 SampleApp_PermitJoiningFlag 标志位确定是否允许入网，如果标志位为 1，调用 NLME_PermitJoiningRequest() 函数（入参为 0xFF）开启允许入网功能；否则，调用 NLME_PermitJoiningRequest() 函数（入参为 0x00）禁止入网。

4.8.4　修改终端节点 EndDevice.c 文件

（1）修改 SampleApp_Init() 函数，在该函数内增加设备上电后禁止设备入网功能的代码。参考协调器初始化函数，如图 4-40 所示。

（2）修改 SampleApp_HandleKeys() 函数实现当在终端节点按 SW1 键时，节点自动退网，终端节点退网处理代码如图 4-41 所示。

图 4-41　终端节点退网处理代码

4.8.5 修改路由节点 Router.c 文件

修改路由节点参考终端节点退网处理代码。

4.8.6 程序运行

重新编译程序无误后，给 NEWLab 平台上电，下载协调器、终端和路由节点程序到相应的板子上。按协调器的 SW1 键，如果协调器允许入网，则路由和终端随后会加入协调器建立的网络中，入网成功后路由和终端的 LED2 闪烁。按协调器的 SW1 键，使协调器禁止其他节点入网，此时按路由或终端的 SW1 键，将退出协调器建立的网络，并在 5s 后重启，重启后路由和终端的 LED2 处于熄灭状态，等待重新入网。退网/入网程序运行效果如图 4-42 所示。

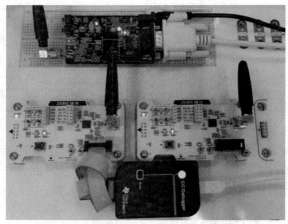

图 4-42 退网/入网程序运行效果

【项目小结】

本项目重点在于 Z-Stack 协议栈的相关知识，读者通过基于 Z-Stack 的串口通信、基于 Z-Stack 的点对点通信、基于 Z-Stack 的点对多点通信、ZigBee 节点入网和退网控制 4 个任务，进行 Z-Stack 协议栈相关编程的学习，可进一步提升软硬件联调的能力。

【知识巩固】

1. 单选题

（1）IEEE 802.15.4 在 2.4G 频段定义了（　　）个信道。

    A. 27　　　　　　　　　　　　　　B. 16

    C. 11　　　　　　　　　　　　　　D. 5

（2）以下是 CC2530 端口 0 方向寄存器的是（　　）。

    A. POSEL　　　　　　　　　　　　B. PLSEL

    C. PODIR　　　　　　　　　　　　D. POINP

2. 填空题

（1）一个 12 位分辨率的 A/D 转换器，若供电电压为 5V，当输入模拟量为 2V 时，可计算出输出数字量为_____。

（2）一个无线传感网通常由_____、_____和_____三种节点构成。

3. 简答题

（1）Z-Stack 协议栈的结构分为哪些层？

（2）简述操作系统抽象层的运行机制？

【拓展任务】

在不改变基于 Z-Stack 点对多点通信功能的基础上，再增加一个终端节点，实现同样的按键与亮灯功能。

项目5
Wi-Fi数据通信

05

【学习目标】

1. 知识目标

（1）学习 Wi-Fi 数据通信的基本概念。

（2）学习 Wi-Fi 模组的工作模式及流程控制原理。

（3）学习 Wi-Fi 数据通信项目的设计与实现方法。

2. 技能目标

（1）掌握查阅 Wi-Fi 模组的 AT 指令手册的方法。

（2）具备通过 AT 指令配置 Wi-Fi 模组的工作模式的能力。

（3）掌握使用 Wi-Fi 通信进行无线数据传输的方法。

3. 素养目标

培养细心操作、按部就班的工作作风。

【项目概述】

随着科技的发展，未来将是互联网的时代。那如何实现万物互联，让智能设备自动联网呢？目前常用的联网方式是 Wi-Fi，那如何让智能设备有 Wi-Fi 联网功能呢？开发 Wi-Fi 相关功能是产品开发过程中的重要一环。本项目主要介绍 Wi-Fi 数据通信功能，让大家更好地理解 Wi-Fi 的工作原理。

【知识准备】

5.1 应用场景介绍

传统的计算机联网都是通过网线实现的，缺点就是费时、费力、费材料。Wi-Fi 具备更高的传输速率、更远的传播距离，让联网变得便捷，不受网线的限制。从而它成为家家户户的主要联网方式，目前已经广泛应用于笔记本电脑、手机、汽车等领域中。

5.2 Wi-Fi 技术简介

5-1 微课
Wi-Fi 技术简介

Wi-Fi 是无线保真（Wireless Fidelity）的缩写，属于短距离无线技术。主流的 Wi-Fi 支持 802.11 无线局域网系列标准，工作在 2.4GHz 频段，共划分 14 个信道。CAN 总线的接线太复杂；RS-485 传输距离和连接节点有限；ZigBee 技术的传输速率低，数据量有限；蓝牙数据容易受外界环境影响，距离有限。而 Wi-Fi 设备简单，传输距离远，数据高保真，可让网络"无时不在"，网络受时控的限制更小。

5.3 ESP8266 Wi-Fi 通信模块简介

Wi-Fi 通信模块使用的是 ESP8266 芯片。该芯片支持 802.11b/g/n 协议，其最大的特点是性价比高。ESP8266 是一个完整且自成体系的 Wi-Fi 网络解决方案，能够搭载软件应用，或通过应用处理器"卸载"所有 Wi-Fi 网络功能。

ESP8266 强大的片上处理和存储能力，使其可通过 GPIO 口集成传感器及其他应用的特定设备，以节约资源。

ESP8266 配有一套软件开发工具包（Software Development Kit，SDK），专注于物联网上层应用的开发，利用相应接口完成网络数据的收发即可。

5.4 ESP8266 Wi-Fi 通信模块的工作模式

ESP8266 支持 3 种工作模式，分别为 station、soft-AP 和 station+soft-AP 模式。

ESP8266 工作于 station 模式时，相当于一个客户端，此时 Wi-Fi 通信模块会连接到无线路由器，从而实现 Wi-Fi 通信。这种模式主要用在网络通信中。

ESP8266 工作于 soft-AP 模式时，相当于一个路由器。这种模式用在主从机通信的场景中，被配置为 AP 热点的 Wi-Fi 通信模块作为主机。

ESP8266 工作于 station+soft-AP 模式时，Wi-Fi 通信模块既可作为无线 AP 热点，又可作为客户端。结合上面两种模式的综合应用，一般可应用在需要网络通信且在主从关系中的主机，实现组网通信。

5.5 AT 指令简介

AT（Attention）指令是终端设备与计算机应用之间用于连接与通信的指令。

5.6　设备选型

5.6.1　M3 主控模块

M3 主控模块如图 5-1 所示。

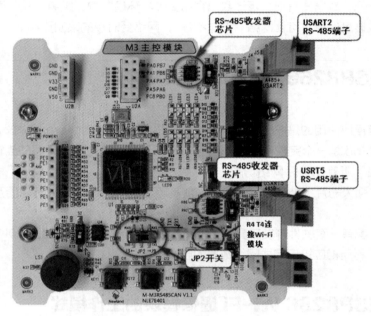

图 5-1　M3 主控模块

本项目用到的是 M3 主控模块的 R4/T4 接口，其他端口功能前面已经有所讲解，可自行查看。

5.6.2　Wi-Fi 通信模块

Wi-Fi 通信模块如图 5-2 所示。

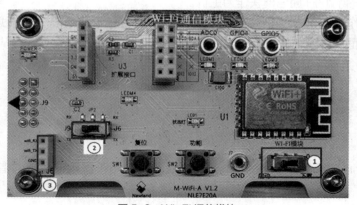

图 5-2　Wi-Fi 通信模块

Wi-Fi 通信模块上相关的硬件资源说明如下所示。

标号①：下载开关；

标号②：接线端子 JP2，通信开关；

标号③：扩展插槽。

5.6.3 开关量传感器

开关量传感数据可以对应于模拟量传感数据的"有"和"无"，也可以对应于数字量传感数据的"1"和"0"两种状态，它是传感数据中最基本、最典型的一类。在利用相应传感器采集红外信号或声音信号并判定其有无时，所输出的就是典型的开关量。

【项目实施】

本项目案例要求搭建一个 Wi-Fi 数据通信系统，系统构成为：PC1 台（作为上位机）、网关 1 个、Wi-Fi 通信模块 2 个、M3 主控模块 1 个、各色香蕉线若干、杜邦线若干。

Wi-Fi 数据通信系统拓扑结构如图 5-3 所示。整个系统由 Wi-Fi 通信网络构成，M3 主控模块使用串口通信协议配置 Wi-Fi 通信模块连接物联网网关的 Wi-Fi 信号，网关通过以太网连接到云平台。

项目实施前必须先准备好设备和资源：M3 主控模块 1 个、Wi-Fi 通信模块 1 个、物联网网关 1 台、各色香蕉线若干、杜邦线若干、PC1 台。

主要步骤包括：

① 配置 Wi-Fi soft-AP 工作模式；

② 配置 Wi-Fi station 工作模式；

③ 配置 Wi-Fi station+soft-AP 工作模式；

④ Wi-Fi 基于 AT 指令接入云平台。

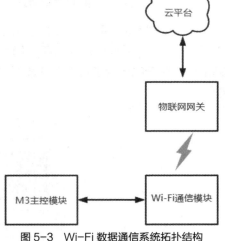

图 5-3　Wi-Fi 数据通信系统拓扑结构

5.7 任务 1：配置 Wi-Fi soft-AP 工作模式

5-2　微课

配置 Wi-Fi
soft-AP 工作模式

准备一块 ESP8266 Wi-Fi 通信模块，通过串口调试助手发送 AT 指令实现 Wi-Fi 通信模块 soft-AP 工作模式的配置。

1. 搭建 ESP8266 Wi-Fi 通信模块与 PC 串口通信电路并烧写 Wi-Fi 模块固件

（1）硬件平台搭建。按照以下步骤进行硬件环境的搭建：

① 将 Wi-Fi 通信模块固定在 NEWLab 平台上；

② 通过串口线把 NEWLab 平台与 PC 连接起来；

③ 将 NEWLab 平台上的通信方式旋钮转到"通信模式"；

④ 将 Wi-Fi 通信模块上的拨码开关 JP2 拨到 J9 位置，将 JP1 拨到下载位置，给系统上电。搭建好的硬件环境如图 5-4 所示。

（2）在配套资源包 "..._Wi-Fi 开发工具" 目录中找到 "FLASH_DOWNLOAD_TOOLS_v2.4_150924.rar" 烧写工具，解压后双击 "ESP_DOWNLOAD_TOOL_V2.4.exe"，如图 5-5 所示。

图 5-4　搭建好的硬件环境

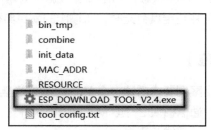

图 5-5　找开烧写工具

（3）打开烧写工具后，在配套资源包 "...\Wi-Fi 数据通信\Wi-Fi 模块固件" 目录中找到烧写固件 "Ai-Thinker_ESP8266_DOUT_8Mbit_v1.5.4.1-a_20171130.bin" "user1.bin" "user2.bin"，按图 5-6 所示的步骤进行烧写参数设置后，按一下模块的复位键，然后单击 "START" 按钮进行烧写。

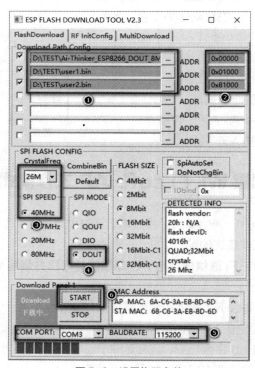

图 5-6　设置烧写参数

（4）等待 2min 左右，Wi-Fi 通信模块程序下载完毕，将 JP1 拨到左边，设置 Wi-Fi 通信模块
为运行模式，按复位按钮，重启模块，如图 5-7 所示。

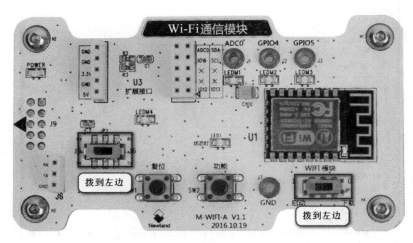

图 5-7　设置运行模式

2. 配置串口参数和 AP 工作模式

（1）打开串口调试助手，选择正确的串号，然后设置波特率为 115200，其他默认设置。在发
送输入框中输入"AT"并按 Enter 键，单击"发送"按钮（图 5-8 中标号②处）后，若收到"OK"，
则说明此模块工作正常，如图 5-8 所示。

图 5-8　配置串口参数

（2）发送 AT+CWMODE=2，配置模块 soft-AP 工作模式，如图 5-9 所示。

（3）发送 AT+CWDHCP=0,1，配置模块打开 soft-AP 工作模式下的 DHCP 功能，如
图 5-10 所示。

图 5-9　配置工作模式

图 5-10　打开 soft-AP 工作模式下的 DHCP 功能

（4）发送 AT+RST，配置 ESP8266 模块重启，如图 5-11 所示。

（5）发送 AT+CWSAP_CUR="热点名称","热点密码",热点信道,热点加密方式，配置 ESP8266 的热点信息，如图 5-12 所示。

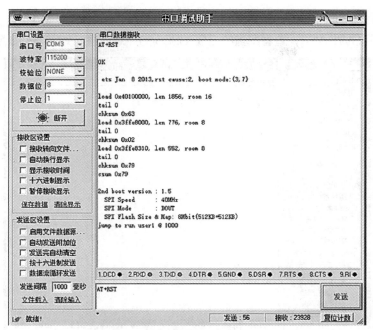

图 5-11　重启模块

图 5-12　配置 ESP8266 的热点信息

热点名称：tim4chou；

热点密码：12345678；

热点信道：5；

热点加密方式：3。

注意：加密方式的对应关系如下所示。

0: OPEN，1: WEP，2: WPA_PSK，3: WPA2_PSK，4: WPA_WPA2_PSK。

（6）发送 AT+CWSAP?，查看配置的 ESP8266 的热点信息，如图 5-13 所示。

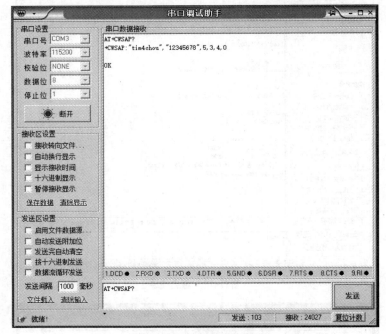

图 5-13　查看热点信息

（7）发送 AT+CIPAP="192.168.2.1"，配置 AP 热点的 IP 地址，如图 5-14 所示。
注意：本设置不保存到闪存中。

图 5-14　配置 AP 热点的 IP 地址

（8）发送 AT+CIPAP?，读取 AP 热点当前使用的 IP 地址，如图 5-15 所示。

图 5-15　读取 AP 热点当前使用的 IP 地址

（9）发送 AT+CIPMUX=1，启动 AP 热点多连接，支持客户端 ID 为 0~4，如图 5-16 所示。

图 5-16　启动 AP 热点多连接

（10）发送 AT+CIPSERVER=1,8080，启动模块服务器模式，并设置服务端口为 8080，支持客户端 ID 为 0~4，如图 5-17 所示。

图 5-17　启动模块服务器模式

（11）发送 AT+CIFSR，查看模块的 IP 地址和 MAC 地址，如图 5-18 所示。

图 5-18　查看模块的 IP 地址和 MAC 地址

（12）此时通过手机可以搜索到 Wi-Fi 热点 tim4chou，并使用密码 12345678 进行连接。连接成功后可在手机上查看到 AP 的加密方式为 WPA2_PSK。

5.8 任务 2：配置 Wi-Fi station 工作模式

5-3 微课

配置 Wi-Fi
station 工作模式

通过串口调试助手发送 AT 指令配置 Wi-Fi 通信模块为 station 工作模式。（注意：如果 Wi-Fi 通信模块没有烧写过则需要参考 5.7 节任务进行相关 Wi-Fi 固件的烧写。）

（1）5.7 节任务的 Wi-Fi 通信模块进行了相关 AT 指令的操作，以确保 Wi-Fi 通信模块上的 JP2 拨向左边。

（2）打开串口调试助手，参考 5.7 节串口配置并发送 AT 指令查看结果。

（3）发送 AT+CWMODE=1，配置 ESP8266 Wi-Fi 通信模块为 station 工作模式，如图 5-19 所示。

图 5-19 配置 ESP8266 Wi-Fi 通信模块为 station 工作模式

（4）发送 AT+CWDHCP=1,1，配置 ESP8266 Wi-Fi 通信模块 station 工作模式下开启通过 DHCP 获取 IP 地址功能，如图 5-20 所示。

（5）发送 AT+RST，重启 ESP8266 Wi-Fi 通信模块，使模块进入 station 模式。

（6）发送 AT+CWLAP，扫描当前可用的 AP 热点列表，如图 5-21 所示。

（7）从图 5-21 中可以看到，有个 AP 热点名为"NEWLab-123"。配置成 station 工作模式的 Wi-Fi 通信模块如果要连接到 AP 热点"NEWLab-123"，需要在连接前先查询是否已经连接了别的热点，如果已连接则要先断开现有的热点连接，查询与断开连接的 AT 指令如下所示。

查询已连接的热点名称指令：AT+CWJAP?。

断开现在热点连接的指令：AT+CWQAP。

图 5-20　开启通过 DHCP 获取 IP 地址功能

图 5-21　扫描当前可用的 AP 热点列表

发送 AT+CWJAP="热点名称","热点密码"，启动 ESP8266 Wi-Fi 通信模块连接 AP 热点，如图 5-22 所示。

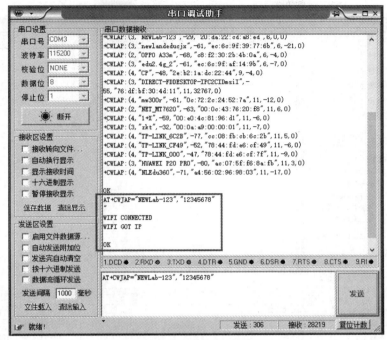

图 5-22　连接 AP 热点

（8）发送 AT+CWJAP?，查看 EPS8266 Wi-Fi 通信模块当前连接的 AP 热点，如图 5-23 所示。

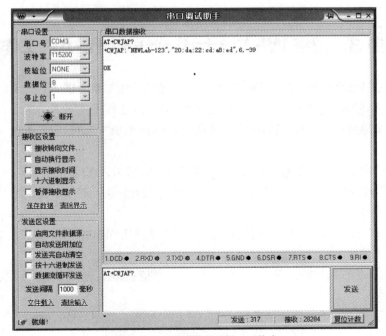

图 5-23　查看当前连接的 AP 热点

（9）发送 AT+CIPSTA?，查看 EPS8266 Wi-Fi 通信模块当前获取到的 IP 地址，如图 5-24 所示。

图 5-24　查询模块获取到的 IP 地址

5.9 任务 3：配置 Wi-Fi station+ soft-AP 工作模式

使用 5.7 节任务烧写好的 Wi-Fi 通信模块，通过串口调试助手发送 AT 指令配置 Wi-Fi 通信模块同时处于 soft-AP 工作模式和 station 工作模式下。

（1）使用已烧写好的 Wi-Fi 通信模块，确保 Wi-Fi 通信模块上的 JP2 拨向左边。

（2）打开串口调试助手，参考 5.8 节串口配置并发送 AT 指令查看结果。

（3）发送 AT+CWMODE=3，配置模块为 station+soft-AP 工作模式，如图 5-25 所示。

（4）发送 AT+CWDHCP=2,1，配置模块打开 soft-AP 工作模式下的 DHCP 功能，如图 5-26 所示。

（5）发送 AT+RST，重启 ESP8266 Wi-Fi 通信模块，使模块进入 station+soft-AP 模式。

（6）发送 AT+CWLAP，扫描当前可用的 AP 热点列表，如图 5-27 所示。

5-4　微课

配置 Wi-Fi
station+ soft-AP
工作模式

图 5-25　配置工作模式

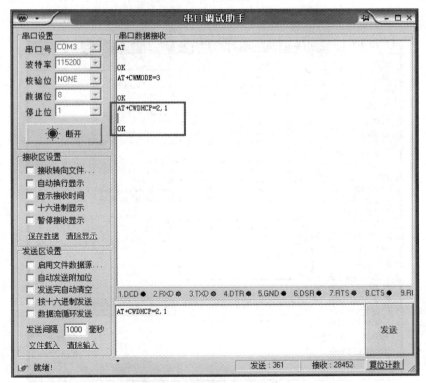

图 5-26　打开 DHCP 功能

图 5-27　扫描当前可用的 AP 热点列表

（7）发送 AT+CWJAP="热点名称","热点密码"，启动 ESP8266 Wi-Fi 通信模块连接 AP 热点，如图 5-28 所示。

图 5-28　连接 AP 热点

（8）发送 AT+CWJAP?，查看 EPS8266 Wi-Fi 通信模块当前连接的 AP 热点，如图 5-29
所示。

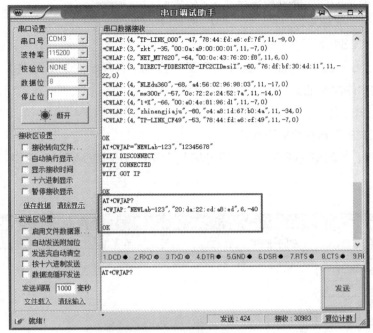

图 5-29　查看当前连接的 AP 热点

（9）发送 AT+CIPSTA?，查看 EPS8266 Wi-Fi 通信模块当前获取到的 IP 地址，如图 5-30
所示。

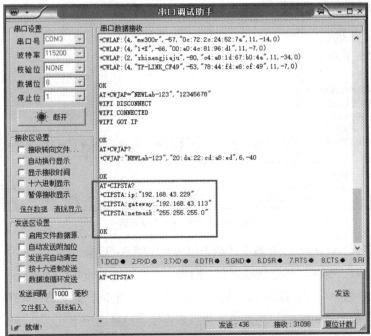

图 5-30　查看模块当前获取到的 IP 地址

（10）发送 AT+CWSAP_CUR="热点名称","热点密码",热点信道,热点加密方式，配置 ESP8266 Wi-Fi 通信的热点信息，如图 5-31 所示。

① 热点名称：tim4chou；

② 热点密码：12345678；

③ 热点信道：6（由于 station+soft-AP 工作模式下共用一个射频硬件，所以此处应使用 AT+CWJAP? 命令中显示的父一级 AP 热点的信道号）；

④ 热点加密方式：3。

注意：加密方式的对应关系如下所示。

0 对应 OPEN，1 对应 WEP，2 对应 WPA_PSK，3 对应 WPA2_PSK，4 对应 WPA_WPA2_PSK。

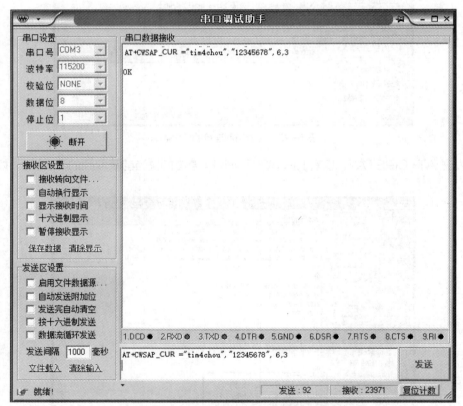

图 5-31　配置 AP 热点信息

（11）发送 AT+CWSAP?，查看 AP 热点信息，如图 5-32 所示。

（12）发送 AT+CIPAP="192.168.2.1"，配置 AP 热点的 IP 地址，如图 5-33 所示。

（13）发送 AT+CIPAP?，读取 AP 热点当前使用的 IP 地址，如图 5-34 所示。

（14）发送 AT+CIPMUX=1，启动 AP 热点多连接，支持客户端 ID 为 0 和 1（其中 0 表示单路连接模式，1 表示多路连接模式），如图 5-35 所示。

图 5-32　查看 AP 热点信息

图 5-33　配置 AP 热点的 IP 地址

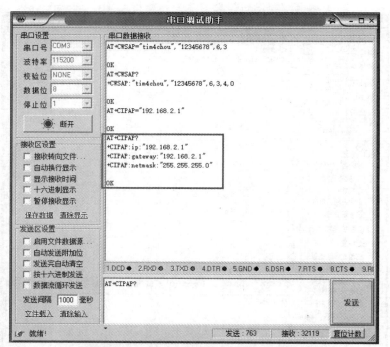

图 5-34　读取 AP 热点当前使用的 IP 地址

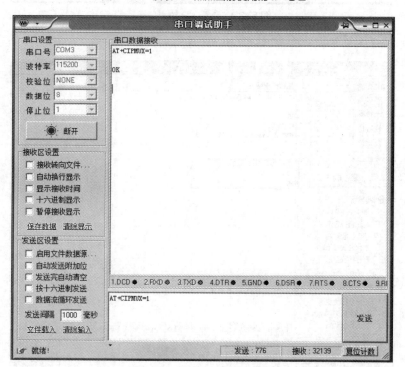

图 5-35　启动 AP 热点多连接

（15）发送 AT+CIPSERVER=1,8080，启动模块服务器模式，并设置服务端口为 8080，支持客户端 ID 为 0~4，如图 5-36 所示。

图 5-36　启动模块服务器模式

（16）发送 AT+CIFSR，查看模块的 IP 地址，如图 5-37 所示。

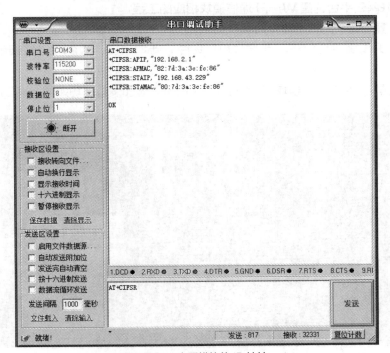

图 5-37　查看模块的 IP 地址

（17）此时通过手机可以搜索到 Wi-Fi 热点 tim4chou，并使用密码 12345678 进行连接。

5.10 任务 4：Wi-Fi 基于 AT 指令接入云平台

5-5 微课

Wi-Fi 基于 AT 指令接入云平台

1. 硬件连接

使用 5.9 节任务的 Wi-Fi 通信模块，发送 AT+CWQAP，断开现有热点的连接，按图 5-38 所示的方法连接 M3 主控模块和 Wi-Fi 通信模块，注意 Wi-Fi 通信模块的 JP2 拨到右边 J6 处，此时 Wi-Fi 通信模块不占用 NEWLab 的串口。

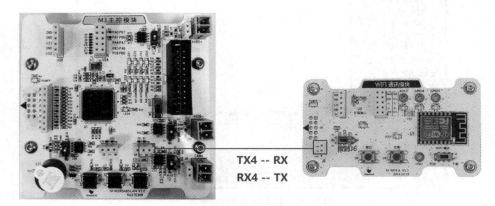

TX4 -- RX
RX4 -- TX

图 5-38　硬件连接示意

2. 登录物联网云平台创建 Wi-Fi 通信模块相应的工程

（1）注册并登录物联网云平台，如图 5-39 所示。

（2）执行"开发者中心"→"新增项目"命令，新增项目"Wi-Fi 连接云平台 test1"，如图 5-40 所示。

（3）添加设备"esp8266 模块"，如图 5-41 所示。添加设备成功如图 5-42 所示。

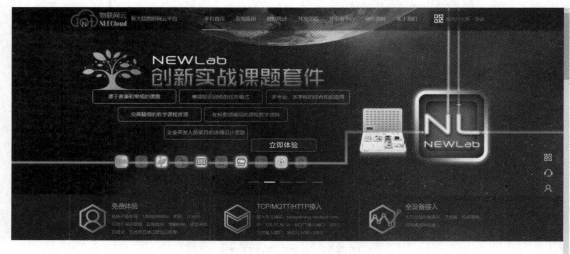

图 5-39　登录物联网云平台

图 5-40　新增项目

图 5-41　添加设备

图 5-42　添加设备成功

单击该设备可以看到设备的详细信息，记录"设备标识"和"传输密钥"，如图 5-43 所示。

图 5-43　设备详细信息

在界面中单击"马上创建一个传感器"按钮，如图 5-44 所示。

图 5-44　创建传感器

设置传感器名称为"开关量传感器"，标识名为"alarm"，传输类型选择"只上报"，数据类型选择"整数型"，然后单击"确定"按钮完成传感器的创建，如图 5-45 所示。

图 5-45　创建开关量传感器

3. 修改 Wi-Fi 连接云平台的程序并编译与下载

打开资源包...\Wi-Fi 数据通信\M3 核心模块_连云平台\project\Wi-FiToCloud-M3.uvprojx。

（1）在 CloudReference.h 头文件中定义 Wi-Fi 热点名称、密码，物联网云平台 IP 地址、端口号，设备标识和传输密钥。

```
#ifndef _CloudReference_h_
#define _CloudReference_h_
#define WI-FI_AP      "newland-edu1"          //Wi-Fi 热点名称，修改为你自己创建的
#define WI-FI_PWD     "12345678"              //Wi-Fi 热点密码，修改为你自己创建的
#define SERVER_IP     "120.77.58.34"E         //物联网云平台的 IP 地址，不可变
#define SERVER_PORT   8600                    //端口号，不可变
#define MY_DEVICE_ID  "170170"                //设备标识，修改为你自己创建的
#define MA_SECRET_KEY "27c4af8cd8d748dca888f809e9309184"//传输密钥，修改为你自己创建的
#endif /*_CloudReference_h_*/
```

（2）在 Wi-FiToCloud.c 的 int8_t ESP8266_IpStart()函数中，通过 AT 指令设置 Wi-Fi 通信模块所连接服务器的 IP 地址和端口号。

```
/*****************************************************************
*函数: int8_t ESP8266_IpStart(char *IpAddr, uint16_t port)
*功能: 建立 TCP 连接
*输入:
    char *IpAddr-IP 地址，例如: 120.77.58.34
    uint16_t port-端口号，取值为 0 ~ 65535
*输出:
        return = 0 ,sucess
        return < 0 ,error
*特殊说明: 无
*****************************************************************/
int8_t ESP8266_IpStart(char *IpAddr, uint16_t port)
{
    uint8_t IpStart[MAX_AT_TX_LEN];
    memset(IpStart, 0x00, MAX_AT_TX_LEN); //清空缓存
    ClrAtRxBuf();                         //清空缓存
    sprintf((char *)IpStart,"AT+CIPSTART=\"TCP\",\"%s\",%d",IpAddr, port);
    printf("%s\r\n",IpStart);
    SendAtCmd((uint8_t *)IpStart,strlen((const char *)IpStart));
    delay_ms(1500);
    if(strstr((const char *)AT_RX_BUF, (const char *)"OK") == NULL)
    {
        return -1;
    }
    return 0;
}
```

（3）在 Wi-FiToCloud.c 的 int8_t ESP8266_IpSend()函数中，通过 AT 指令"告诉"Wi-Fi 通信模块准备传输的数据和数据长度。

```
/*****************************************************************
*函数: int8_t ESP8266_IpSend(char *IpBuf, uint8_t len)
*功能: ESP8266 发送数据
```

```
*输入:
        char *IpBuf-IP 数据
        uint8_t len-数据长度
*输出:
        return = 0 ,sucess
        return < 0 ,error
*特殊说明: 无
********************************************************************/
int8_t ESP8266_IpSend(char *IpBuf, uint8_t len)
{
    uint8_t TryGo = 0;
    int8_t error = 0;
    uint8_t IpSend[MAX_AT_TX_LEN];
    memset(IpSend, 0x00, MAX_AT_TX_LEN);//清空缓存
    ClrAtRxBuf();//清空缓存
    sprintf((char *)IpSend,"AT+CIPSEND=%d",len);
    printf("%s\r\n",IpSend);
    SendAtCmd((uint8_t *)IpSend,strlen((const char *)IpSend));
    delay_ms(3);
    if(strstr((const char *)AT_RX_BUF, (const char *)"OK") == NULL)
    {
        return -1;
    }
    ClrAtRxBuf();//清空缓存
    SendStrLen((uint8_t *)IpBuf, len);
    printf("%s\r\n",IpBuf);//////////////////////////////////////////////
//////
    for(TryGo = 0; TryGo<60; TryGo++)//最多等待时间 100×60=6000 (ms )
    {
        if(strstr((const char *)AT_RX_BUF, (const char *)"SEND OK") == NULL)
        {
            error = -2;
        }
        else
        {
            error = 0;
            break;
        }
        delay_ms(100);
    }
    return error;
}
```

在 Wi-FiToCloud.c 的 int8_t ConnectToServer()函数中通过发送 AT 指令给 ESP8266 Wi-Fi 通信模块，将 M3 主控模块接入物联网云平台。

```
/********************************************************************
*函数: int8_t ConnectToServer(void)
*功能: 连接到服务器
*输入: 无
*输出:
```

```
                    return = 0 ,success
                    return < 0 ,error
*特殊说明: 无
*******************************************************************/
int8_t ConnectToServer(char *DeviceID, char *SecretKey)
{
    uint8_t TryGo = 0;
    int8_t error = 0;
    uint8_t TxetBuf[MAX_AT_TX_LEN];
    memset(TxetBuf,0x00,MAX_AT_TX_LEN);//清空缓存
    for(TryGo = 0; TryGo<3; TryGo++)
    {
        if(ESP8266_SetStation() == 0)//设置 Wi-Fi 通信模块工作模式
        {
            error = 0;
            break;
        }
        else
        {
            error = -1;
        }
    }
    if(error < 0)
    {
        return error;
    }
    for(TryGo = 0; TryGo<3; TryGo++)
    {
        if(ESP8266_SetAP((char *)WI-FI_AP, (char *)WI-FI_PWD) == 0)
        //设置热点名称和密码
        {
            error = 0;
            break;
        }
        else
        {
            error = -2;
        }
    }
    if(error < 0)
    {
        return error;
    }
    for(TryGo = 0; TryGo<3; TryGo++)
    {
        if(ESP8266_IpStart((char *)SERVER_IP,SERVER_PORT) == 0)//连接服务器 IP 地址、
端口号, 即 120.77.58.34、8600
        {
            error = 0;
            break;
        }
        else
```

```
            {
                error = -3;
            }
        }
    if(error < 0)
    {
        return error;
    }

    sprintf((char *)TxetBuf,"{\"t\":1,\"device\":\"%s\",\"key\":\"%s\",\"ver\":\"
v0.0.0.0\"}",DeviceID,SecretKey);
    if(ESP8266_IpSend((char *)TxetBuf, strlen((char *)TxetBuf)) < 0)
    {//发送失败
        error=-4;
    }
    else
    {//发送成功
        for(TryGo = 0; TryGo<50; TryGo++)//最多等待时间 50×10=500（ms）
        {
            if(strstr((const char *)AT_RX_BUF, (const char *)"\"status\":0") ==
NULL)//检查响应状态是否为握手成功
            {
                error = -5;
            }
            else
            {
                error = 0;
                break;
            }
            delay_ms(10);
        }
    }

    return error;
}
```

编译程序后进行程序的下载。在下载程序时，应将 M3 主控模块上的 JP1 拨到 BOOT 位置。程序下载成功后将 JP1 拨到 NC 位置，并按 M3 主控模块上的复位键。

程序中涉及的具体通信步骤如表 5-1 所示。

表 5-1　程序中涉及的具体通信步骤

步骤	M3 主控模块发送	ESP8266 Wi-Fi 通信模块回复
1	AT+CWMODE_CUR=1 //设置工作模式为 station	OK
2	AT+CWJAP_CUR="newland - 123","12345678" //所连接的热点账号、密码	Wi-Fi DISCONNECT Wi-Fi CONNECTED Wi-Fi GOT IP OK

续表

步骤	M3 主控模块发送	ESP8266 Wi-Fi 通信模块回复
3	AT+CIPSTART="TCP","120.77.58.34",8600 //所连接云平台的 IP 地址、端口号	OK
4	AT+CIPSEND=91 //发送握手认证，先发送数据长度，再独立发送数据 {"t":1,"device":"13213131311231","key":"74366beeed244a61b8746a1e69543224","ver":"v0.0.0.0"} //握手认证（没有回车）	OK Recv 91 bytes SEND OK
5	AT+CIPSEND=7 //M3 主控模块回复云平台心跳 $OK##回车 //心跳响应，成功连接云平台	

成功连接云平台如图 5-46 所示。

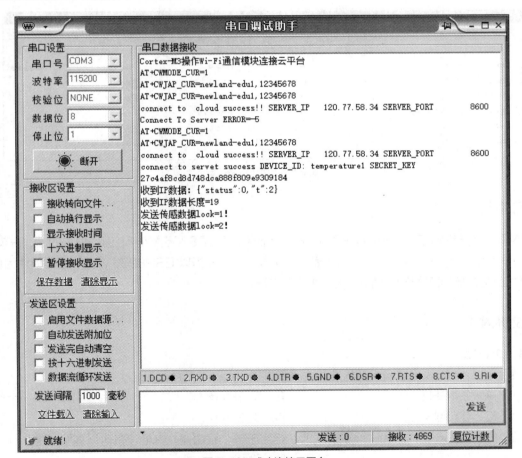

图 5-46　成功连接云平台

在物联网云平台"设备管理"界面中，执行"下发设备"→"实时数据开"命令，可以看到实时传感数据，如图 5-47 所示。

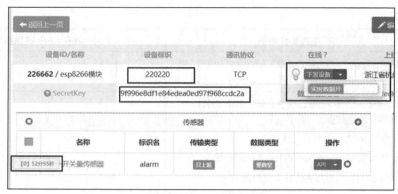

图 5-47　实时传感数据

在物联网云平台"历史传感数据"界面中，可以查看"开关量报警"设备的上报数据，如图 5-48 所示。

记录ID	记录时间	传感ID	传感名称	传感标识名	传感值/单位
2882379773	2021-04-01 15:53:16	1023993	开关量传感器	alarm	2
2882379772	2021-04-01 15:53:06	1023993	开关量传感器	alarm	1
2882379771	2021-04-01 15:52:55	1023993	开关量传感器	alarm	0
2882379770	2021-04-01 15:52:45	1023993	开关量传感器	alarm	2
2882379769	2021-04-01 15:52:35	1023993	开关量传感器	alarm	1

图 5-48　历史传感数据

【项目小结】

本项目主要讲解了 Wi-Fi 技术基本概念，介绍了 ESP8266 Wi-Fi 通信模块的 soft-AP、station、station+soft-AP 这 3 种工作模式，并通过 4 个任务以 ESP8266 Wi-Fi 通信模块为例介绍了短距离无线通信领域中 Wi-Fi 数据通信的过程。

【知识巩固】

1. 单选题

（1）802.11 无线局域网系列标准，主要工作在（　　）开放频段。

　　A. 2.4GHz　　　　　　　　　　　B. 868MHz

　　C. 915MHz　　　　　　　　　　　D. 433MHz

（2）ESP8266 工作于（　　）模式时，相当于一个路由器，其他设备可以连接通信。

　　A. Soft-AP　　　　　　　　　　　B. Station

　　C. 中继　　　　　　　　　　　　　D. 桥

2. 填空题

（1）向 ESP8266 发送"AT+CWMODE=1"指令，模块工作于＿＿＿＿＿模式。

（2）ESP8266 Wi-Fi 通信模块支持的 Wi-Fi 标准是_____。

3. 简答题

（1）请说明 ESP8266 Wi-Fi 通信模块配置 soft-AP 模式的必要步骤及指令。

（2）请说明 ESP8266 Wi-Fi 通信模块配置 station 模式的必要步骤及指令。

【拓展任务】

请在现有任务的基础上在 Wi-Fi 通信模块追加继电器和报警灯模块，实现当云平台下发指令时，提供 M3 主控模块下发给 Wi-Fi 通信模块，启动报警灯功能。

※项目6
Wi-Fi转发器

06

【学习目标】

1. 知识目标
（1）学习 TCP Socket 通信应用开发的基本概念。
（2）学习 LwIP 栈的原理。
（3）学习通过 Wi-Fi 网络往云平台上报数据的方法。

2. 技能目标
（1）掌握 ESP8266 Wi-Fi 工作模式的配置技能。
（2）具备基于 LwIP 栈的通信开发能力。
（3）掌握 TCP Socket 开发的方法。

3. 素养目标
培养正确的互联网网络生态价值观。

【项目概述】

本项目以 Wi-Fi 转发器项目为案例，介绍 Wi-Fi 通信应用开发的过程。本项目中使用 Wi-Fi 通信模块作为 Wi-Fi 网关传感器和执行器模块接入物联网云平台。

【知识准备】

6.1 LwIP 栈简介

6-1 微课

LwIP 栈与 TCP Socket 简介

LwIP 是轻型（Light Weight）IP 栈，有无操作系统的支持都可以运行。LwIP 栈实现的重点是在保持传输控制协议（Transmission Control Protocol，TCP）主要功能的基础上减少对随机存储器（Random Access Memory，RAM）的占用，它只需十几 KB 的 RAM 和 40KB 左右的只读存储器（Read Only Memory，ROM）就可以运行，这使 LwIP 栈适合在低端的嵌入式系统中使用。

LwIP 栈的主要特性有：支持多网络接口下的 IP 转发；支持互联网控制报文协议（Internet

Control Message Protocol，ICMP）；支持实验性扩展的用户数据报协议（User Datagram Protocol，UDP）；支持阻塞控制，往返路程时间（Round Trip Time，RTT）估算、快速恢复并快速转发的 TCP；提供专门的内部回调接口（Raw API）用于提高应用程序性能；可选择的 Berkeley API（多线程情况下）；在最新的版本中支持 ppp；新版本中增加了 IP fragment 的支持；支持 DHCP 动态分配 IP 地址。

6.2 LwIP 的 TCP Socket 简介

6.2.1 TCP/IP

TCP/IP 是一种面向连接的、可靠的、基于字节流的运输层（Transport Layer）通信协议。其端口之间建立连接，一般都是使用套接字 Socket 实现的，当服务端的 Socket 等待服务请求（即建立连接）时，客户端的 Socket 可以要求建立连接，一旦连接成功就可以双向传输数据。

6.2.2 网络套接字 Socket

Socket 为"套接字"，用于描述 IP 地址和端口，是一个通信链的句柄。应用程序通常通过套接字向网络发出请求或者应答网络请求。在 Internet 上的主机一般运行了多个服务软件，可同时提供几种服务。每种服务都打开一个 Socket，并绑定到一个端口上，不同的端口对应于不同的服务。大多数基于网络的软件（如浏览器、即时通信工具等）都是基于 Socket 实现的，Socket 可说是一种针对网络的抽象应用，通过它可以针对网络读写数据。

【项目实施】

项目实施前必须先准备好设备和资源：M3 主控模块 1 个、Wi-Fi 通信模块 1 个、物联网网关 1 台、继电器 1 个、灯泡模块 1 个、各色香蕉线若干、杜邦线若干、PC 1 台。

主要步骤包括：
① 搭建 Wi-Fi 开发环境；
② 基于 Wi-Fi 通信模块工作模式开发；
③ 基于 LwIP 的 TCP Socket 开发；
④ Wi-Fi 接入云平台；
⑤ 测试方案及设计。

6.3 任务 1：搭建 Wi-Fi 开发环境

6-2 微课

搭建 Wi-Fi 开发环境

安装 Eclipse C/C++ 开发工具并进行相关配置，能够根据官方提供的 SDK 开发应用程序，实现程序下载和调试，掌握 Eclipse 等软件的使用。

6.3.1 软件编程环境的搭建

在配套资源中找到"ESP8266 IDE"，下载成功后的资源如图 6-1 所示。

其中主要文件的用途如下所示。

cygwin（扩展名为.exe）：cygwin 和 xtensa 编译器环境（含 ESP8266、ESP31B、ESP32 开发环境）打包。

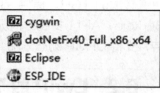

图 6-1　下载成功后的资源

Eclipse（扩展名为.exe）：Eclipse C/C++ 开发工具打包。

ESP_IDE（扩展名为.exe）：一体化开发环境配置工具。

注意：解压 cygwin、Eclipse 文件时，所在路径不可以有空格或中文。

（1）在磁盘根目录下新建一个空文件夹"ESP8266"。

（2）双击"cygwin"，将其解压到路径"~:\ESP8266"下（~代表磁盘盘符），如图 6-2 所示。

（a）cygwin 的解压路径

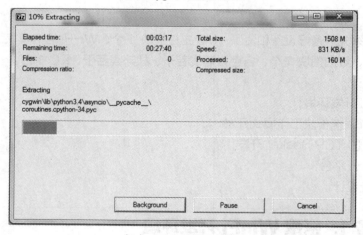

（b）cygwin 的解压过程

图 6-2　解压 cygwin

（3）双击"Eclipse"，将其解压到路径"~:\ESP8266\eclipse"下（~代表磁盘盘符）。解压完成后的 ESP8266 文件夹如图 6-3 所示。

图 6-3　ESP8266 文件夹

（4）将"ESP_IDE"（扩展名为.exe）复制到路径"~:\ESP8266"下（~代表磁盘盘符），如图 6-4、图 6-5 所示。

图 6-4　复制 ESP_IDE

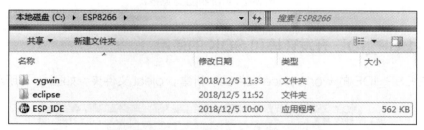

图 6-5　复制 ESP_IDE 至 ESP8266 文件夹

注意：ESP_IDE 默认配置保存在同目录下的 config 文件夹内。

（5）双击文件夹 ESP8266 下的"ESP_IDE"，这个时候弹出的对话框会自动匹配 Eclipse 和 cygwin 的路径。如果 Eclipse 和 cygwin 的路径不正确，可以手动配置，配置结果如图 6-6 所示，配置完成单击"OK"按钮即可。

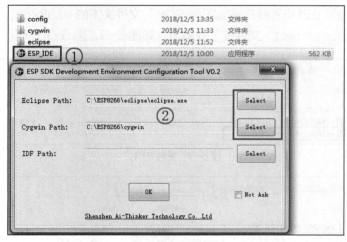

图 6-6　配置结果

注意：如果勾选"Not Ask"复选框，下次启动时将直接按照给定的路径启动 Eclipse。

配置 Workspace 路径，配置完成单击"OK"按钮，随后软件就启动了。

注意：Workspace 路径可以自由定义，但是最好不要在中文目录下，否则容易出错，如图 6-7 所示。

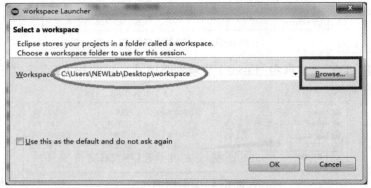

图 6-7　Workspace 路径

6.3.2　ESP_IDE 开发环境和 SDK 的使用

（1）先在 ESP_IDE 的 workspace 文件夹下新建 project 文件夹，如图 6-8 所示。

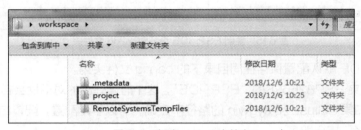

图 6-8　新建 project 文件夹

（2）将"…\安信可 ESP8266\ESP8266-SDK"文件夹下的 esp8266_rtos_sdk-2.0.0.zip 复制到"…\workspace\project"文件夹下并解压，如图 6-9、图 6-10 所示。

图 6-9　复制 SDK

图 6-10　解压 SDK

（3）打开 ESP_IDE，导入工程项目，执行"File"→"Import"→"Existing Code as Makefile Project"命令，如图 6-11 所示。在弹出的对话框中单击"Next"按钮。

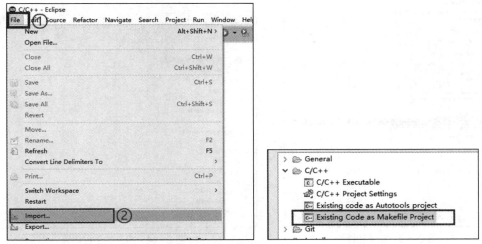

图 6-11　导入工程项目

（4）添加工程"ESP8266_RTOS_SDK-2.0.0"所在的路径，然后按图 6-12、图 6-13 所示的步骤进行配置和操作。

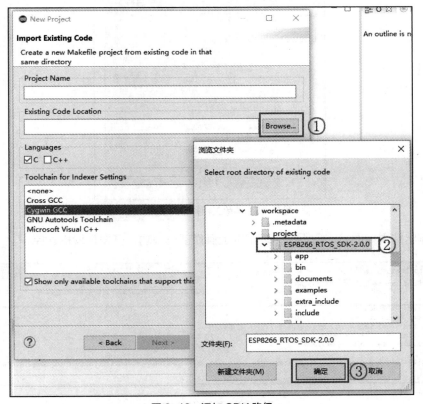

图 6-12　添加 SDK 路径

（5）打开的工程源码如图 6-14 所示。

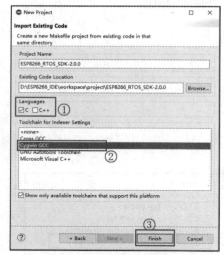

图 6-13　配置和操作

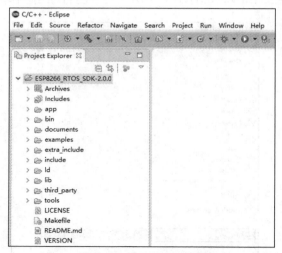

图 6-14　打开的工程源码

（6）编译工程。先清除工程，然后编译工程源码，操作如图 6-15 所示。

图 6-15　清除工程并编译工程源码

控制台输出结果如图 6-16 所示，表示以上操作都已成功，开发环境搭建完毕。

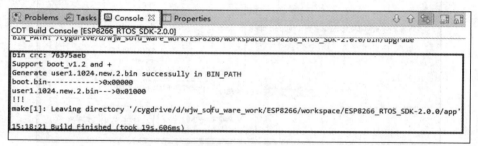

图 6-16　控制台输出结果

6.3.3　应用程序 Bin 文件的生成和烧写下载

（1）芯片 ESP8266 默认输出端口为串口 1，需要进行一些初始化方可使用，可以通过在 user_main.c 的 user_init()函数中调用 uart_init_new()函数实现，具体添加内容如下，调用 uart_init_new()函数如图 6-17 所示。

```
uart_init_new();
printf("Newland Edu \r\n%s %s\r\n",__DATE__,__TIME__);
printf("NEWLab ESP8266 Demo !\r\n%s %s\r\n");
```

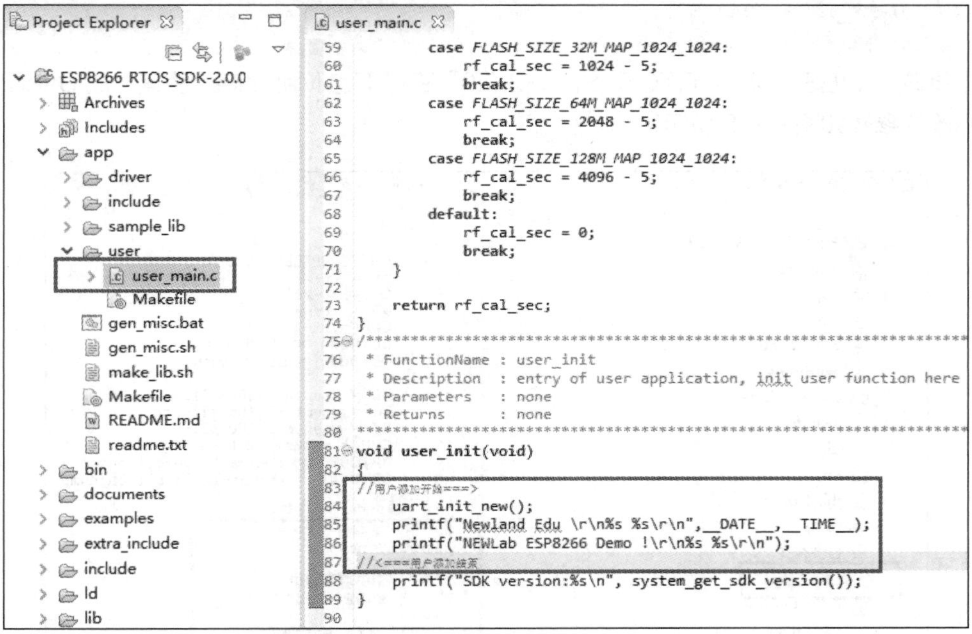

图 6-17　调用 uart_init_new() 函数

uart_init_new()函数的原型如下，其中串口波特率为 74880，有 8 个数据位，无校验位，有 1 个停止位，无流控。

```
void  uart_init_new(void)
{
    UART_WaitTxFifoEmpty(UART0);
    UART_WaitTxFifoEmpty(UART1);

    UART_ConfigTypeDef uart_config;
    uart_config.baud_rate = BIT_RATE_74880;
    uart_config.data_bits = UART_WordLength_8b;          //8 个数据位
    uart_config.parity = USART_Parity_None;              //无校验位
    uart_config.stop_bits = USART_StopBits_1;            //1 个停止位
    uart_config.flow_ctrl = USART_HardwareFlowControl_None;   //无流控
    uart_config.UART_RxFlowThresh = 120;
    uart_config.UART_InverseMask = UART_None_Inverse;
    UART_ParamConfig(UART0, &uart_config);
```

```
    UART_IntrConfTypeDef uart_intr;
    uart_intr.UART_IntrEnMask = UART_RXFIFO_TOUT_INT_ENA | UART_FRM_ERR_INT_ENA |
UART_RXFIFO_FULL_INT_ENA | UART_TXFIFO_EMPTY_INT_ENA;
    uart_intr.UART_RX_FifoFullIntrThresh = 10;
    uart_intr.UART_RX_TimeOutIntrThresh = 2;
    uart_intr.UART_TX_FifoEmptyIntrThresh = 20;
    UART_IntrConfig(UART0, &uart_intr);

    UART_SetPrintPort(UART0);
    UART_intr_handler_register(uart0_rx_intr_handler, NULL);
    ETS_UART_INTR_ENABLE();
}
```

（2）修改"...\ESP8266_RTOS_SDK-2.0.0"路径下的 Makefile，使其生成 User2 的 BIN 文件，修改的参数如图 6-18 所示。

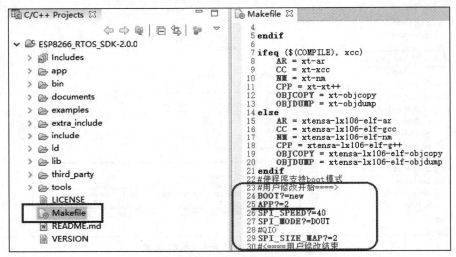

图 6-18　修改的参数

（3）执行"Clean Project"和"Build Project"，编译生成了 User2 的 BIN 文件，如图 6-19 所示。

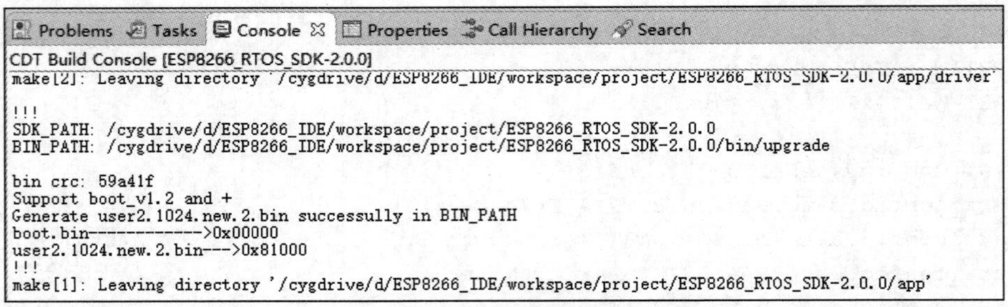

图 6-19　Console 输出编译信息

（4）打开路径"...\ESP8266_RTOS_SDK-2.0.0\bin\upgrade"，可以看到编译得到的文件"user1.1024.new.2.bin"和"user2.1024.new.2.bin"，如图 6-20 所示。

图 6-20　upgrade 目录

（5）用串口线连接计算机和 NEWLab 平台，并接通电压为 12V 的电源。将 Wi-Fi 通信模块放在 NEWLab 平台上，设置为"通信模式"，并打开电源。将 Wi-Fi 通信模块的 JP1 向右拨，JP2 向左拨，并按复位键，NEWLab 平台如图 6-21 所示。

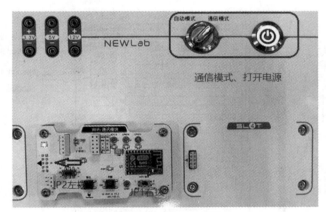

图 6-21　NEWLab 平台

（6）在目录"…\ESP8266_RTOS_SDK-2.0.0\bin"下有"boot_v1.6.bin""boot_v1.7.bin"。对于 boot 文件，可以在 v1.6 或 v1.7 中任选一个，这里选用"boot_v1.7.bin"，如图 6-22 所示。

图 6-22　boot 文件版本

前面已经找到了 boot 文件和 user1 文件，下面查看一下这两个文件的下载地址，开始编译工程的时候 Console 输出了编译信息，里面提到了 BIN 文件的下载地址，如图 6-23 所示。

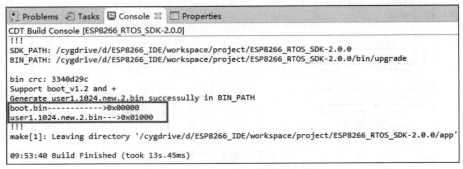

图 6-23　Console 输出编译信息

（7）双击"ESPFlashDownloadTool_v3.6.4.exe"，选择 ESP8266 的下载工具，按图 6-24、图 6-25 所示的方法导入 BIN 文件，并设置下载地址和其余相关选项。

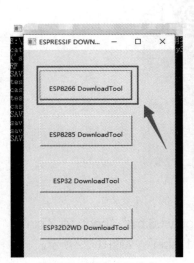

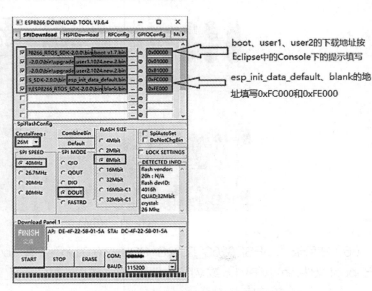

boot、user1、user2的下载地址按 Eclipse中的Console下的提示填写

esp_init_data_default、blank的地址填写0xFC000和0xFE000

图 6-24　导入 BIN 文件　　　　　　　　　　图 6-25　设置下载地址和其余相关选项

（8）先按 Wi-Fi 通信模块的复位键 SW1，再单击下载工具的"START"按钮，便可开始下载，如图 6-26 所示。

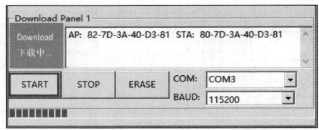

图 6-26　开始下载

（9）下载完成后，打开串口调试助手，设置串口波特率为 74880，打开串口。将 Wi-Fi 通信模块的 JP1 往左拨，再按复位键，可以看到串口输出了图 6-27 所示的结果。

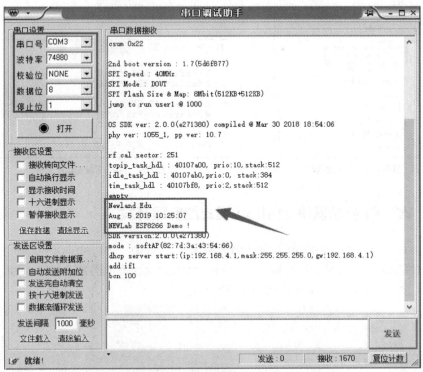

图 6-27　程序输出结果

这里要特别注意国产的串口芯片对特殊值的波特率兼容性不是特别好，像 74880 这样的波特率很容易出现串口调试助手无法显示或乱码的情况。建议用户在源码中将串口波特率设置为常用的 115200 或 9600。这里的波特率设置为 74880 是为了能够在串口看到 ESP8266 刚启动时，就输出在串口上的调试信息。

6.4　任务 2：基于 Wi-Fi 通信模块工作模式开发

6-3　微课

基于 Wi-Fi 通信模块工作模式开发

完成 Wi-Fi 通信模块 station 模式、soft-AP 模式、station+soft-AP 模式的编程开发。

6.4.1　打开工程设置初始化参数

用 ESP_IDE 打开 SDK 工程源码，用户可以在 user_main.c 内的 user_init()函数中添加自己的初始化相关的函数，Wi-Fi 通信模块的工作模式配置函数放在该函数内执行即可，工程目录如图 6-28 所示。

Wi-Fi 名称 AP_SSID 和 Wi-Fi 密码 AP_PASSWORD 定义在 SDK 源码下的 app\include 目录下的文件夹 Net_Param.h 中，如图 6-29 所示。

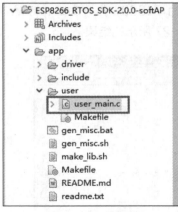

图 6-28　工程目录

```
Net_Param.h ⊠
  2⊕  *  Net_Param.h
  7  #ifndef __NET_PARAM_H__
  8  #define __NET_PARAM_H__
  9
 10  #define AP_SSID          "NEWLab-123"
 11  #define AP_PASSWORD      "12345678"
 12
 13
 14  #endif /*__NET_PARAM_H__*/
 15
```

图 6-29　Net_Param.h 文件

6.4.2　Wi-Fi 通信模块 station 模式的编程开发

在 user_main.c 内的 user_init()函数前面编写函数 user_set_station_config()，用于实现Wi-Fi 通信模块的 station 模式，最后将 user_set_ station_config()函数添加到 user_init()函数中。

函数 user_set_station_config()代码如下所示。

```
void ICACHE_FLASH_ATTR
user_set_station_config(void)
{
    // Wi-Fi configuration
    char ssid[32] = AP_SSID;
    char password[64] = AP_PASSWORD;
    struct station_config stationConf;
    Wi-Fi_set_opmode_current(STATION_MODE);//设置为station 模式
    memset(stationConf.ssid, 0, 32);
    memset(stationConf.password, 0, 64);
    // No MAC-specific scanning
    stationConf.bssid_set = 0;
    //Set ap settings
    memcpy(&stationConf.ssid, ssid, 32);
    memcpy(&stationConf.password, password, 64);
    Wi-Fi_station_set_config_current(&stationConf);
}
```

6.4.3　Wi-Fi 通信模块 soft-AP 模式的编程开发

在 user_main.c 内的 user_init()函数前面编写函数 user_set_softap_config()用于实现配置Wi-Fi 通信模块的 station-AP 模式，最后将 user_set_softap_config()函数添加到 user_init()函数中。

函数 user_set_softap_config()代码如下所示。

```
void ICACHE_FLASH_ATTR
user_set_softap_config(void)
```

```
{
    struct softap_config config;
    Wi-Fi_set_opmode_current(SOFTAP_MODE);//设置为 soft-AP 模式
    Wi-Fi_softap_get_config(&config); // Get config first.
    memset(config.ssid, 0, 32);
    memset(config.password, 0, 64);
    memcpy(config.ssid, AP_SSID, strlen(AP_SSID));
    memcpy(config.password, AP_PASSWORD, strlen(AP_PASSWORD));
    config.authmode = AUTH_WPA_WPA2_PSK;
    config.ssid_len = 0;// or its actual length
    config.beacon_interval = 100;
    config.max_connection = 4; // how many stations can connect to ESP8266 softAP
at most.
    Wi-Fi_softap_set_config_current(&config);// Set ESP8266 softap config .
}
```

6.4.4 Wi-Fi 通信模块 station+soft-AP 模式的编程开发

在 user_main.c 内的 user_init()函数前面编写函数 user_set_sta_softap_config()用于实现配置 Wi-Fi 通信模块的 station+soft-AP 模式，最后将 user_set_sta_softap_config()函数添加到 user_init()函数中，实现初始化配置。

函数 user_set_sta_softap_config()代码如下所示。

```
void ICACHE_FLASH_ATTR
user_set_sta_softap_config(void)
{
    // Wi-Fi configuration
    char ssid[32] = "Wi-Fi-AP";
    char password[64] = "12345678";
    struct station_config stationConf;
    struct softap_config config;
    Wi-Fi_set_opmode_current(STATIONAP_MODE);//设置为 station+soft-AP 模式
    //设置需要连接的路由器热点名称和密码
    memset(stationConf.ssid, 0, 32);
    memset(stationConf.password, 0, 64);
    stationConf.bssid_set = 0;// No MAC-specific scanning
    memcpy(&stationConf.ssid, ssid, 32);
    memcpy(&stationConf.password, password, 64);
    Wi-Fi_station_set_config_current(&stationConf);//
    //设置 ESP8266 发出的无线热点名称和密码
    Wi-Fi_softap_get_config(&config); // Get config first.
    memset(config.ssid, 0, 32);
    memset(config.password, 0, 64);
    memcpy(config.ssid, AP_SSID, strlen(AP_SSID));
    memcpy(config.password, AP_PASSWORD, strlen(AP_PASSWORD));
    config.authmode = AUTH_WPA_WPA2_PSK;
    config.ssid_len = 0;// or its actual length
    config.beacon_interval = 100;
    config.max_connection = 4; // how many stations can connect to ESP8266 softAP
```

```
at most.
    Wi-Fi_softap_set_config_current(&config);// Set ESP8266 softap config .
}
```

其中 ssid 和 password 是 Wi-Fi 通信模块需要连接的无线路由器的 SSID 热点和密码。

将上述代码添加到工程中后，编译之前最好先执行一次"Clean Project"，防止编译时出错。至此就已经介绍完 3 种 Wi-Fi 通信模块工作模式的设置方法。Wi-Fi 通信模块工作模式功能的验证，可取两块 Wi-Fi 通信模块，一块设置为 station 工作模式，另一块设置为 soft-AP 模式进行组网连接实现，并通过串口调试助手查看输出信息进一步确认。

6.5 任务 3：基于 LwIP 的 TCP Socket 开发

6-4 微课

基于 LwIP 的 TCP
Socket 开发

6.5.1 建立服务器（Server）源码工程

（1）将"任务 1：搭建 Wi-Fi 开发环境"中已经开发成功的"ESP8266_RTOS_SDK-2.0.0"工程源码复制到目录"...\workspace\project"下，并重命名为"ESP8266_RTOS_SDK-2.0.0-Server"，如图 6-30 所示。

图 6-30　复制工程源码

（2）将文件夹"TCP Server"下的"user_tcpserver.c"复制到目录"...\ESP8266_RTOS_SDK -2.0.0-Server\app\user"下，如图 6-31、图 6-32 所示。

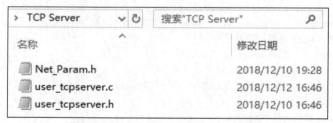

图 6-31　复制 user_tcpserver.c 文件

图 6-32　复制到相应目录下

（3）将文件夹"TCP Server"·下的"Net_Param.h""user_tcpserver.h"复制到目录"...\ESP8266_RTOS_SDK-2.0.0-Server\app\include"下，如图 6-33 所示。

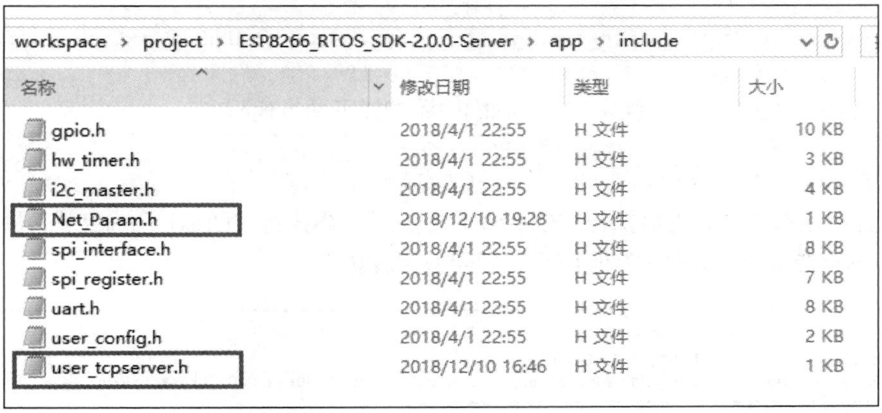

图 6-33　复制头文件

（4）用 ESP_IDE 打开"ESP8266_RTOS_SDK-2.0.0-Server"工程源码。打开 app\user\user_main.c，并添加头文件"user_tcpserver.h"和"Net_Param.h"，如图 6-34 所示。

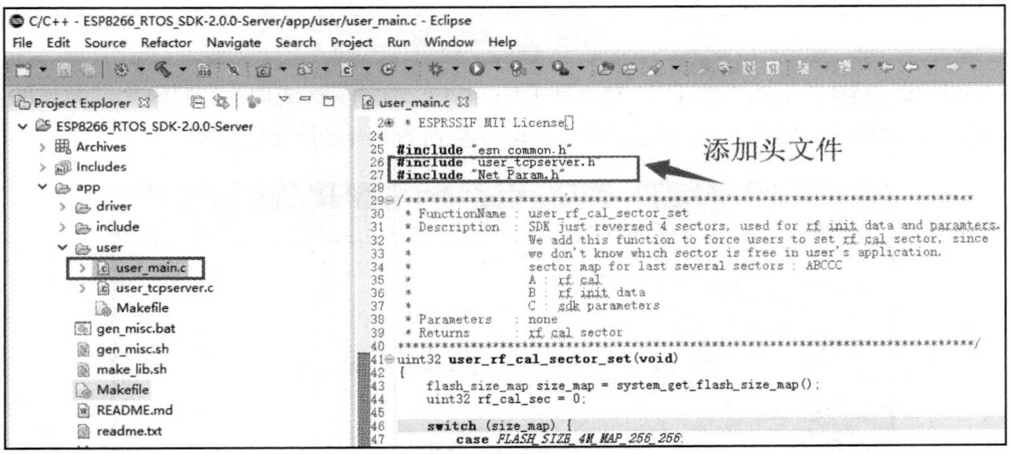

图 6-34　添加头文件

（5）在 user_main.c 内添加 user_set_softap_config()函数，如下所示。

```
void ICACHE_FLASH_ATTR
user_set_softap_config(void)
{
    struct softap_config config;
    Wi-Fi_softap_get_config(&config); // Get config first
    memset(config.ssid, 0, 32);
    memset(config.password, 0, 64);
    memcpy(config.ssid, AP_SSID, strlen(AP_SSID));
    memcpy(config.password, AP_PASSWORD, strlen(AP_PASSWORD));
    printf("AP_SSID: %s, AP_PASSWORD: %s\r\n", AP_SSID, AP_PASSWORD);//用户添加
    config.authmode = AUTH_WPA_WPA2_PSK;
```

```
    config.ssid_len = 0;// or its actual length
    config.beacon_interval = 100;
    config.max_connection = 4; // how many stations can connect to ESP8266 softAP
at most
    Wi-Fi_softap_set_config_current(&config);// Set ESP8266 softap config
 }
```

（6）在 user_main.c 内的函数 user_init()中添加如下两行代码。

```
user_set_softap_config();//用户添加
user_tcpserver_init(SERVER_PORT);//用户添加
```

（7）先保存所有文件，然后执行"Clean Project"，再执行"Build Project"。最后可以看到 Console 下输出的内容，如图 6-35 所示，项目编译成功。

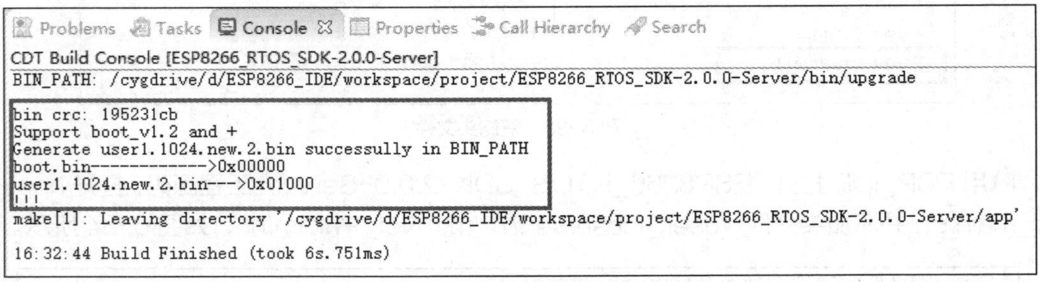

图 6-35　编译项目

下载刚编译得到的 user1 的 BIN 文件到 ESP8266 中。下载成功后，打开串口调试助手，将波特率设置成 74880。复位 Wi-Fi 通信模块，可以看到图 6-36 所示的结果。

图 6-36　串口调试助手输出信息

6.5.2 建立客户端（Client）源码工程

（1）将"任务 1：搭建 Wi-Fi 开发环境"中已经开发成功的"ESP8266_RTOS_SDK-2.0.0"工程源码复制到目录"...\workspace\project"下，并重命名为"ESP8266_RTOS_SDK-2.0.0-Client"，如图 6-37 所示。

图 6-37　复制工程源码

（2）将文件夹"TCP Client"下的"user_tcpclient.c""user_timers.c"复制到目录"...\ESP8266 _RTOS_SDK-2.0.0-Client \app\user"下，如图 6-38、图 6-39 所示。

图 6-38　复制 user_tcpclient.c 和 user_timers.c 文件

图 6-39　复制到相应目录下

（3）将文件夹"TCP Client"下的"user_ tcpclient.h""Net_Param.h""user_timers.h"复制到目录"...\ESP8266_RTOS_SDK-2.0.0-Client \app\include"下，如图 6-40 所示。

（4）用 ESP_IDE 打开"ESP8266_RTOS_SDK-2.0.0-Client"工程源码。打开 app\user\user_main.c，并添加头文件"user_tcpclient.h"，如图 6-41 所示。

（5）在 user_main.c 内的函数 user_init()中添加如下所示的两行代码。

```
tcpuser_init();//用户添加
xTaskCreate(schedule_tx_task, "schedule_tx_task", 256, NULL, 2, NULL);//用户添加
```

（6）先保存所有文件，然后执行"Clean Project"，再执行"Build Project"。最后可以看到Console 下输出的内容，如图 6-42 所示，项目编译成功。

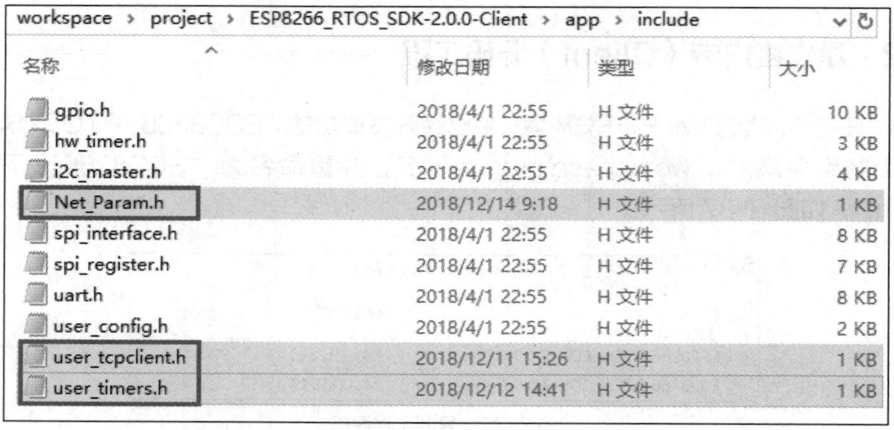

图 6-40　复制头文件

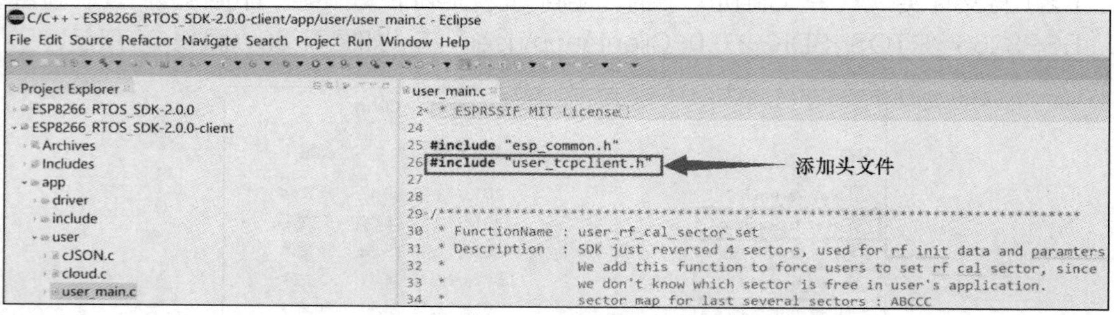

图 6-41　添加头文件

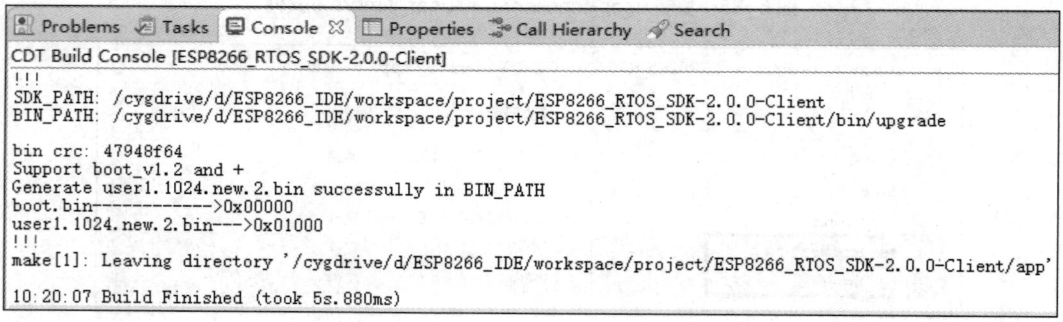

图 6-42　编译项目

（7）下载编译得到的 user1 的 BIN 文件到 ESP8266 中，打开串口调试助手，将波特率设置为 74880，复位 Wi-Fi 通信模块，可以看到结果如图 6-43 所示。

这样 TCP 服务器和客户端的应用程序就开发完成了。

取 Wi-Fi 通信模块两块，分别放在两个 NEWLab 平台上，其中一块 Wi-Fi 通信模块的 ESP8266 作为 AP 热点，并建立服务器监听端口"8266"；另一块 Wi-Fi 通信模块的 ESP8266 作为客户端，连接前面一块的热点，并与服务器建立连接。

两块 Wi-Fi 通信模块一旦建立 TCP 连接，客户端会向服务器发送消息"NEWLab ESP8266 TCP Client Connected！"，服务器会响应"NEWLab Ack"。建立有效 TCP 连接之后每隔 3s，客户端会向服务器发送"ping"，服务器会响应"pong"。结果如图 6-44、图 6-45 所示。

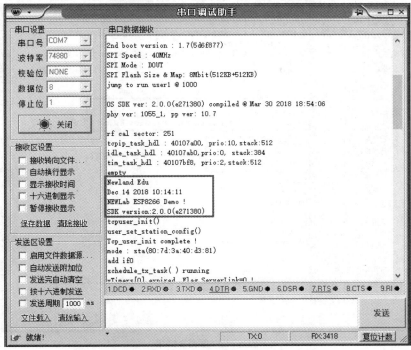

图 6-43　串口调试助手输出信息

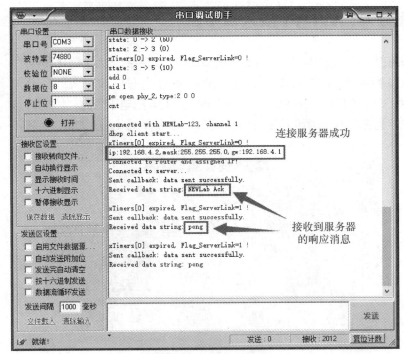

图 6-44　客户端结果

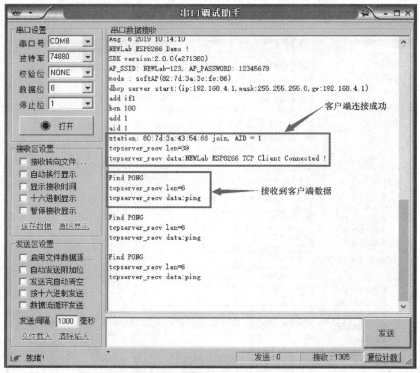

图 6-45　服务器结果

6.6　任务 4：Wi-Fi 接入云平台

6-5　微课

Wi-Fi 接入云平台

　　传感器模块和执行器模块通过 Wi-Fi 通信模块接入云平台，为了简化硬件结构，传感器模块数据通过模拟方式上报，执行器模块的"打开"和"关闭"用 Wi-Fi 通信模块 GPIO4 口电平来模拟，"打开"时 GPIO4 口电平为高，"关闭"时 GPIO4 口电平为低，验证时可以在 GPIO4 和 GND 之间接 LED 即可，如图 6-46 所示。

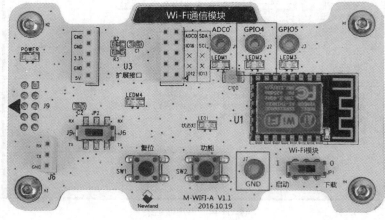

图 6-46　Wi-Fi 通信模块

6.6.1 在物联网云平台中创建设备

1. 创建工程

登录物联网云平台，进入开发者中心的"项目管理"主界面，单击"新建项目"，在"添加项目"对话框中设置相关信息，如图 6-47 所示。

图 6-47 添加项目

2. 创建设备

在"添加项目"对话框中单击"下一步"后会跳转到"添加设备"的子页面，输入设备名称"ESP8266V1.0"，选择通信协议"TCP"，输入设备标识"ZKT0003"（设备标识需自定义，符合规则即可），单击"确定添加设备"完成设备的创建，如图 6-48 所示。

图 6-48 添加设备

3. 记录设备标识和传输密钥

进入新建好的项目，打开项目"设备传感器"界面，记录"设备标识"和"SecretKey"（传输密钥），如图 6-49 所示。

图 6-49　设备信息

4. 创建传感器和执行器

在"设备传感器"界面中，单击"马上创建一个传感器"，在"添加传感器"界面输入传感器信息，输入传感器名称"温度"，输入标识名"Temperature"，选择传输类型为"只上报"，选择数据类型为"整数型"，选择设备单位为"℃"，单击"确定"按钮完成传感器的创建，如图 6-50（a）所示。在"传感器信息"界面中可以查看详细信息，如图 6-50（b）所示。

（a）配置传感器参数

（b）"传感器信息"界面

图 6-50　创建传感器

在"设备传感器"界面中，单击"马上创建一个执行器"，在"添加执行器"界面输入执行器信息，输入传感名称"开关 0"，输入标识名"switch0"，选择传输类型为"上报和下发"，选择数据类型为"整数型"，选择操作类型为"开关型"，单击"确定"按钮完成执行器的创建，如图 6-51（a）所示。在"执行器信息"界面中可以查看详细信息，如图 6-51（b）所示。

（a）配置执行器参数

（b）"执行器信息"界面

图 6-51　创建执行器

6.6.2　ESP8266 连接云平台

1. 开发工程文件

将工程模板中的"ESP8266_RTOS_SDK-2.0.0"工程源码复制到目录"...\workspace\project"下(也可以复制到无中文的目录下)，并重命名为"ESP8266_RTOS_SDK-2.0.0-Client"，如图 6-52 所示。

图 6-52　复制工程源码

将文件夹"cloud_source"下的"user_tcpclient.c""user_timers.c""cJSON.c""cloud.c"复制到目录"...\ESP8266_RTOS_SDK-2.0.0-Client \app\user"下，如图 6-53 所示。

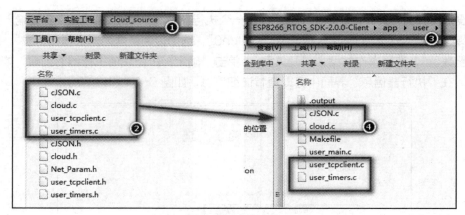

图 6-53　复制文件

将文件夹"cloud_source"下的"user_tcpclient.h""Net_Param.h""user_timers.h"
"cloud.h""cJSON.h"复制到目录"...\ESP8266_RTOS_SDK-2.0.0-Client \app\include"
下，如图 6-54 所示。

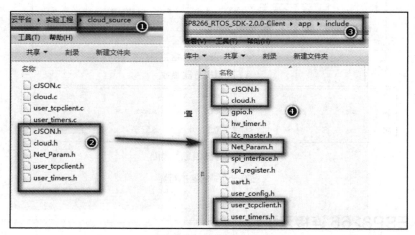

图 6-54　复制头文件

2. 用 ESP_IDE 打开工程源码并添加头文件

用 ESP_IDE 打开"ESP8266_RTOS_SDK-2.0.0-Client"工程源码。打开 app\user\
user_main.c，并添加头文件"user_tcpclient.h"，如图 6-55 所示。

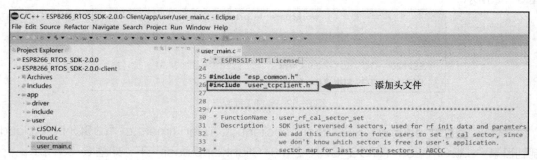

图 6-55　添加头文件

3. 修改 main()函数

在 user_main.c 内的函数 user_init()下添加两行代码，如下所示。

```
tcpuser_init();
xTaskCreate(esp8266_link_cloud_test, "esp8266_link_cloud_tes", 512, NULL, 2, NULL
);
```

注：函数 xTaskCreate()用于创建任务。

4. 修改设备标识和传输密钥

在头文件 Net_Param.h 中修改设备标识和传输密钥为前面步骤中记录的设备标识和传输密钥，如图 6-56 所示。

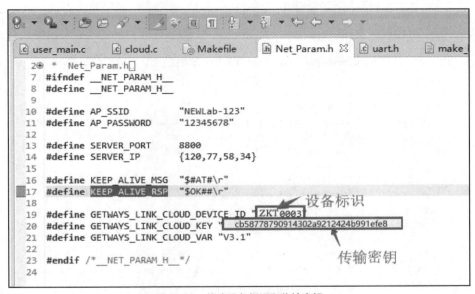

图 6-56　修改设备标识和传输密钥

5. 检查传感器标识和执行器标识

查看 user_tcpclient.c 中的 control_command_deal()、 send_temperature_data()函数中的传感器标识、执行器标识是否和物联网云平台中的名称（"Temperature"和"switch0"）一致。

（1）control_command_deal()函数，用于接收云平台控制命令打开或者关闭执行器（以 GPIO4 电平高低来模拟）。

```
/***************************************************************************
 * FunctionName : control_command_deal(void* msg_unpacket)
 * Description  : 云平台控制命令处理
 * Parameters   : [in] msg_unpacket
 * Returns      : none
***************************************************************************/

static void control_command_deal(void* msg_unpacket)
{
 CMD_REQ* cmd_rcv = (CMD_REQ*)msg_unpacket;
    printf("recv CMD, data type:%d\n", cmd_rcv->data_type);
    switch(cmd_rcv->data_type){
```

```
        case CMD_DATA_TYPE_NUM:
          printf("unpacket,msg_type:%d,msg_id:%d apitag:%s,data:%d\n",
          cmd_rcv->msg_type,cmd_rcv->cmd_id,cmd_rcv->api_tag,*((int*)cmd_rcv->data));
              if(strcmp(cmd_rcv->api_tag,"switch0") == 0)   //执行器标识
              {
                  if(*((int*)cmd_rcv->data) == 1)
                  {
                      printf("Set GPIO4\r\n");
                      GPIO_OUTPUT_SET(GPIO_ID_PIN(4), 1);//GPIO4 设置为高电平
                  }
                  else if(*((int*)cmd_rcv->data) == 0)
                  {
                      printf("Reset GPIO4\r\n");
                      GPIO_OUTPUT_SET(GPIO_ID_PIN(4), 0);//GPIO4 设置为低电平
                  }
                  else
                      printf("not affect GPIO4\r\n");
              }
              break;
        case CMD_DATA_TYPE_DOUBLE:
            printf("unpacket, msg_type:%d, msg_id:%d apitag:%s, data:%f\n",
                    cmd_rcv->msg_type, cmd_rcv->cmd_id, cmd_rcv->api_tag,
        *((double*)cmd_rcv->data));
            break;
        case CMD_DATA_TYPE_STRING:
            printf("unpacket,msg_type:%d,msg_id:%d apitag:%s,data:%s\n",
            cmd_rcv->msg_type,cmd_rcv->cmd_id,cmd_rcv->api_tag,(char*)cmd_rcv->data);
            break;
        case CMD_DATA_TYPE_JSON:
            printf("unpacket,msg_type:%d,msg_id:%d apitag:%s,data:%s\n",
            cmd_rcv->msg_type,cmd_rcv->cmd_id,cmd_rcv->api_tag,(char*)cmd_rcv->data);
            break;
        default:
            printf("data_type(%d) error\n", cmd_rcv->data_type);
    }
}
```

（2）send_temperature_data()函数，用于发送温度数据到云平台（本任务中发送模拟数据）。

```
/*****************************************************************************
 * FunctionName : send_temperature_data(int value)
 * Description  : 发送温度数据到云平台
 * Parameters   : [in] value
 * Returns      : none
*****************************************************************************/

void send_temperature_data(int value)
{    char *pbuf = (char *)zalloc(packet_size);
    char *packet;
    POST_REQ post_req;
    sprintf(pbuf,"{\r\n\"%s\":%d\r\n}","Temperature",value);   //传感器标识名
    post_req.msg_type = PACKET_TYPE_POST_DATA;
    post_req.msg_id = 0;
```

```
post_req.data_type = 1;
post_req.data = pbuf;
post_req.data_len = strlen(post_req.data);
packet = packet_msg(&post_req);
printf("CLOUD:\r\n%s\r\n",packet);
espconn_send(&user_tcp_conn, packet, strlen(packet));
free(pbuf);
free_packet_msg(packet);
}
```

6. 编译工程并烧写

先保存所有文件，然后执行"Clean Project"，再执行"Build Project"。最后可以看到
Console 下的输出内容如图 6-57 所示。按图 6-58 所示的配置下载刚编译得到的 BIN 文件，
烧写到 ESP8266 中。

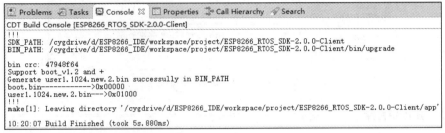

图 6-57　编译项目

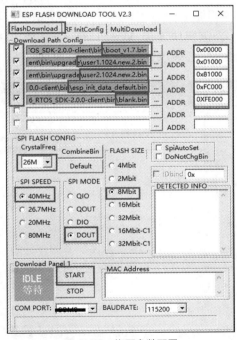

图 6-58　烧写参数配置

下载成功后，将开关 JP1 拨到左边（启动），打开串口调试助手，将波特率设置成 74880，有
8 个数据位，无校验位，有 1 个停止位，可以看到结果如图 6-59 所示。

图 6-59　串口调试助手输出信息

6.6.3　测试结果

在 Net_Param.h 文件中配置手机 Wi-Fi 网络热点（名称：NEWLab-123；密码：12345678），然后在串口调试助手中将波特率设置成 74880，有 8 个数据位，无校验位，有 1 个停止位。在串口调试助手中可以看到 Wi-Fi 通信模块连接 Wi-Fi 网络成功和连接物联网云平台成功的信息（"status":0 表示成功，"status":3 表示失败），如图 6-60 所示。

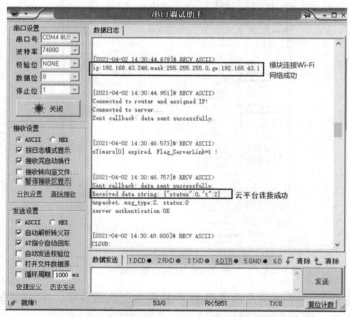

图 6-60　Wi-Fi 通信模块和 Wi-Fi 网络与云平台连接成功

6.6.4 查看 ESP8266 上报数据

（1）打开物联网云平台，可以观察到“当前在线时长”提示和“下发设备”按钮，如图 6-61 所示。

编辑设备
删除设备
一键生成传感器件
策略
历史数据
历史
当前在线时长：1分58秒
在线？
上线IP:117.25.38.191
上线时间
上报记录数
数据保密性
下发设备
福建省福州市 电信
2021-04-01 11:09:18
0
数据浏览地址
www.nlecloud.com/device/226279
获取设备信息API
api.nlecloud.com/devices/226279
操作
API
执行器
名称
标识名
传输类型
数据类型
开关0
switch0
上报和下发
整数型
API

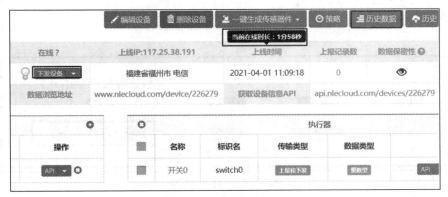

图 6-61　查看历史数据

（2）单击“历史数据”，查看 Wi-Fi 通信模块上报的数据（模拟数据），如图 6-62 所示。根据接收时间可判断是否是当前上报的，可确认数据上报是否成功，传感器历史数据如图 6-62 所示。

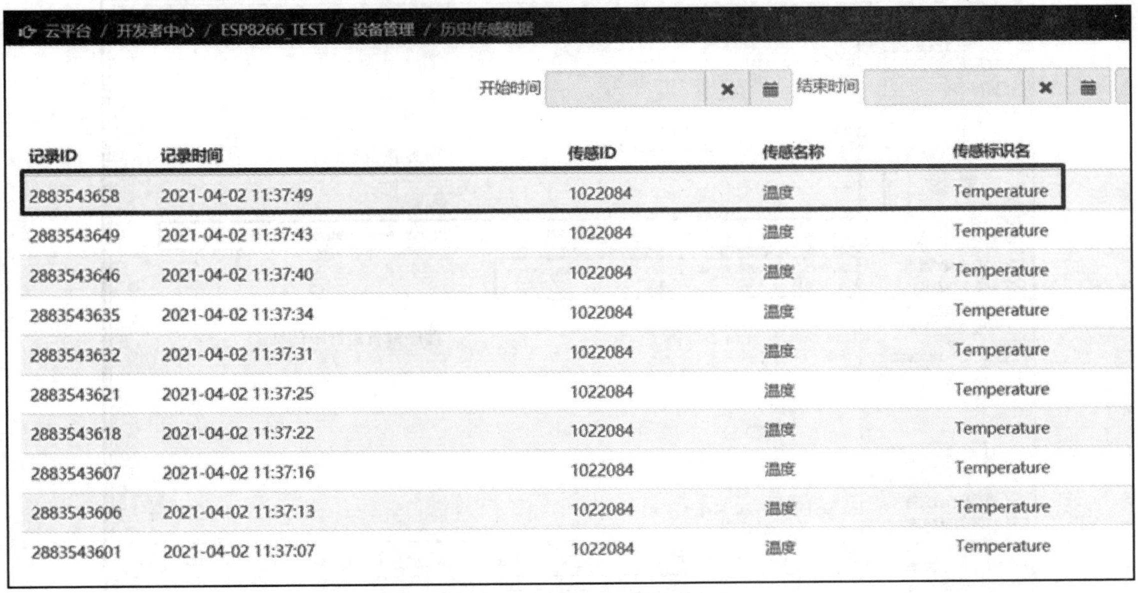

云平台 / 开发者中心 / ESP8266_TEST / 设备管理 / 历史传感数据
开始时间
结束时间
记录ID　记录时间　传感ID　传感名称　传感标识名
2883543658　2021-04-02 11:37:49　1022084　温度　Temperature
2883543649　2021-04-02 11:37:43　1022084　温度　Temperature
2883543646　2021-04-02 11:37:40　1022084　温度　Temperature
2883543635　2021-04-02 11:37:34　1022084　温度　Temperature
2883543632　2021-04-02 11:37:31　1022084　温度　Temperature
2883543621　2021-04-02 11:37:25　1022084　温度　Temperature
2883543618　2021-04-02 11:37:22　1022084　温度　Temperature
2883543607　2021-04-02 11:37:16　1022084　温度　Temperature
2883543606　2021-04-02 11:37:13　1022084　温度　Temperature
2883543601　2021-04-02 11:37:07　1022084　温度　Temperature

图 6-62　传感器历史数据

6.6.5 使用执行器

（1）在执行器“关”状态下单击开关，云平台会下发指令到 Wi-Fi 通信模块，如图 6-63 所示。

图 6-63　下发开关指令

（2）在串口调试助手中可看到下发指令（格式参考物联网云平台提供的 TCP），如图 6-64 所示。

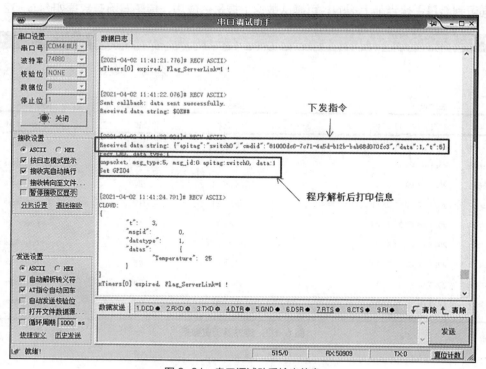

图 6-64　串口调试助手输出信息

（3）user_tcpclient.c 文件中的 control_command_deal()函数中第 14~28 行代码实现对该执行器进行处理，将 GPIO4 输出设置为高电平。

（4）按照图 6-65 所示进行接线，之后可以实现远程控制 LED。

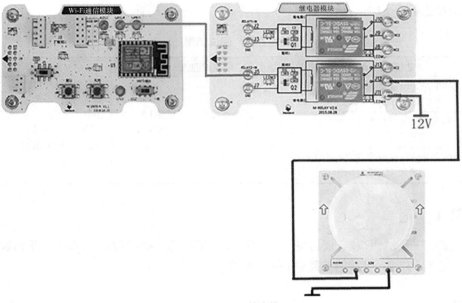

图 6-65　硬件连线

6.7　任务 5：测试方案及设计

6.7.1　测试目的

本任务的目的是验证 Wi-Fi 通信传输距离对数据传输是否有影响。

6.7.2　测试方法

基于工程源码实现以下测试，如图 6-66 所示。

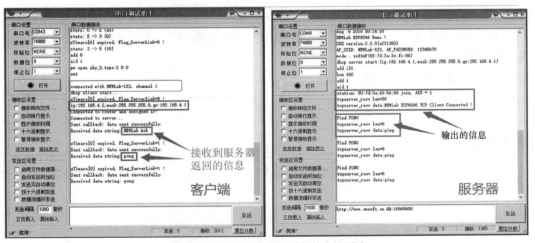

图 6-66　两个 Wi-Fi 通信模块之间测试

测试结果如表 6-1 所示。

表 6-1　测试结果

序号	功能测试项目	测试现象	测试结果
1	当两个 Wi-Fi 通信模块之间的通信距离为 0～5m 时	Wi-Fi 服务器和客户端连接正常，客户端发送"ping"，服务器响应"pong"	由于信号强度、场地等环境因素的干扰，无法实际测出 Wi-Fi 模块之间的通信距离
2	当两个 Wi-Fi 通信模块之间的通信距离为 5～10m 时		
3	当两个 Wi-Fi 通信模块之间的通信距离为 10～20m 时		

【项目小结】

本项目重点在于 LwIP 栈，通过基于 LwIP 栈的 TCP Socket 开发以及接入云平台实验，使读者掌握相关技术，并进一步提升软硬件联调的能力。

【知识巩固】

1. 单选题

（1）Wi-Fi 技术标准 802.11n 使用 2.4GHz 频带的信号划分，实际一共有（　　）个信道。

　　A. 7　　　　　　　　　　　　B. 14

　　C. 28　　　　　　　　　　　D. 32

（2）对 ESP8266 发送 AT+CIPMUX=1，启动 AP 多连接后，最多可支持（　　）个客户端的连接。

　　A. 2　　　　　　　　　　　　B. 3

　　C. 4　　　　　　　　　　　　D. 5

2. 填空题

（1）LwIP 是轻型（Light Weight）IP 栈，它只需_____KB 的 RAM 和_____KB 左右的 ROM 就可以运行。

（2）Socket 中文名为_____，用于描述 IP 地址和端口，是一个通信链的句柄。

3. 简答题

（1）请说明云平台的 TCP 接入流程。

（2）请简要介绍一下 Socket。

【拓展任务】

在现有任务的基础上追加一个人体红外传感器，并将采集到的人体红外数据通过 Wi-Fi 上报至云平台。

项目7
矿井安防检测

07

【学习目标】

1. 知识目标
（1）学习 LoRa 通信协议的基本概念。
（2）学习基于 LoRa 通信协议的指令分析与开发方法。
（3）学习基于 LoRaWAN 协议进行节点间数据采集和传输的方法。

2. 技能目标
（1）掌握 LoRa 各项参数的配置方法，实现不同的通信效果。
（2）具备基于 LoRa 通信协议，进行指令分析和开发的能力。
（3）掌握根据 LoRaWAN 协议，编程实现各节点间的数据采集和组网通信的方法。

3. 素养目标
培养物联网工程新领域的自主创新精神。

【项目概述】

　　某地有一个 5km² 的矿井区域，现在需要精细化管理，首先要调整的是监测园区的环境（如温湿度、光照等），要求是少施工、低成本、数据上云平台查看。本项目将带领大家一起学习基于 LoRa 通信协议的矿井安防检测项目的设计与实现。

【知识准备】

7.1 应用场景介绍

　　远距离无线电（Long Range Radio，LoRa）有降低功耗、改善接收灵敏度等优势，基于该技术的网关/集中器支持多数据速率的并行处理，系统容量大。基于终端和网关的系统可以支持测距和定位，并具有高保密和高隐蔽性。LoRa 芯片比 NB-IoT 芯片成本低，且不收费，数据可控。LoRa 是当前最成熟、稳定的窄带物联网通信技术，其自由组网的私有网络远优于运营商不断收费的 NB 网络，且 LoRa 一次组网终身不需交费。表 7-1 所示为五大短距离通信方式的对比。

表 7-1　五大短距离通信方式的对比

名称	Wi-Fi	蓝牙	ZigBee	NB-IoT	LoRa
传输距离	11M～54Mbit/s	1Mbit/s	100kbit/s	160k～250kbit/s	0.3k～50kbit/s
通信距离	20～200m	20～200m	2～20m	5～10km	2～15km
频段	2.4GHz	2.4GHz	2.4GHz	433M～912MHz	433MHz 868MHz 915MHz
安全性	低	高	中	高	高
工作电流	10～50mA	20mA	5mA	20mA	20mA
芯片单价	163 元左右	13～32.7 元	32 元	32～64 元	32 元
主要应用	无线上网、PC、PDA 等	通信、汽车、IT、医疗、教育等	无线传感器医疗等	水表、电表、大面积传感器应用等	智能手表、智能垃圾桶、物流跟踪等

为了监测矿井环境数据，需要建立一个 LoRa 网络，在物联网云平台上创建项目、查看上传的光照、温湿度数据。

7.2　LoRa 基础知识

7-1　微课

LoRa 基础知识

7.2.1　LoRa 无线技术

LoRa 是一种基于扩频技术的远距离无线传输技术，可同时实现低功耗和远距离传输。目前，LoRa 主要在 ISM 频段运行，主要包括 433MHz、868 MHz 和 915 MHz 等。

7.2.2　LoRa 模块

LoRa 模块如图 7-1 所示，采用的 LSD4RF-2F717N30 是 LoRa SX1278 470M 100mW 标准模块（基于 Semtech 公司的射频集成芯片 SX127X 的射频模块），LoRa 芯片接线原理如图 7-2 所示。

1. SX1276/77/78 收发器

SX1276/77/78 是 137M～1020MHz 的低功耗、远距离收发器，优势是长距离扩频通信、抗干扰性强，主要应用于工业园区数据监控、智能楼宇应用、智能水表等。

2. LoRa 芯片引脚

LoRa 芯片的引脚主要分为两类：射频端和 MCU 端。射频端是 LoRa 芯片与天线的连接引脚，MCU 端是 LoRa 芯片与 MCU 的接口。具体如表 7-2 所示。

图 7-1 LoRa 模块

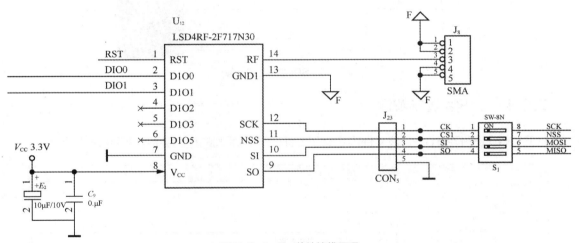

图 7-2 LoRa 芯片接线原理

表 7-2 LoRa 芯片 MCU 端引脚（以 SX1278 为例）

编号	引脚名称	类型	描述
2	DIO0	I/O	数字 I/O，软件配置
3	DIO1	I/O	数字 I/O，软件配置
4	DIO2	I/O	未用
5	DIO3	I/O	未用
6	DIO5	I/O	未用
9	SO	I	SPI 数据输入
10	SI	O	SPI 数据输出
11	NSS	I	SPI 片选输入
12	SCK	I	SPI 时钟输入

7.2.3　SPI 总线

SPI 一般由 4 个引脚组成。

① SCK（Serial Clock）：串行时钟，由主机发出。

② MOSI（Master Output，Slave Input）：主机输出、从机输入信号，由主机发出。

③ MISO（Master Input，Slave Output）：主机输入、从机输出信号，由从机发出。

④ NSS（Slave Selected）：选择信号，由主机发出，一般是低电位有效。

SPI 主从连接示意如图 7-3 所示。

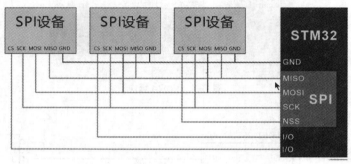

图 7-3　SPI 主从连接示意

7.2.4　LoRa 调制解调

打开文件 NS_Radio.h，该文件内定义了 LoRa 调制解调的控制参数，如图 7-4 所示。

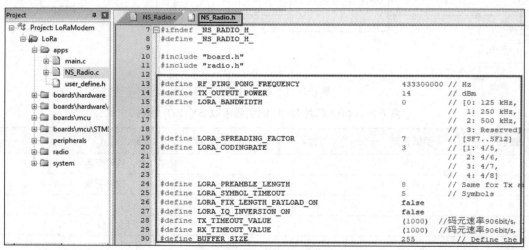

图 7-4　LoRa 调制解的控制

1．频率

在头文件中定义了 "USE_BAND_433"，频率的取值建议为 433MHz，即 433300000 Hz，用户可根据自己的需求设置频率以确定合适的信道。

2. 发射功率

LoRa 芯片的信号发射功率由参数 TX_OUTPUT_POWER 决定，这个参数的值越大，发射功率越大，传输距离越远，其最大值不得超过 20dBm。实际测试中，厂家提供的 LoRa 模块的发射功率最大值为 19dBm。

3. LoRa 调制解调器的配置

LoRa 调制解调器的配置参数如图 7-5 所示。

```
#define LORA_BANDWIDTH            0        // [0: 125 kHz,
                                           //  1: 250 kHz,
                                           //  2: 500 kHz,
                                           //  3: Reserved]
#define LORA_SPREADING_FACTOR     7        // [SF7..SF12]
#define LORA_CODINGRATE           3        // [1: 4/5,
                                           //  2: 4/6,
                                           //  3: 4/7,
                                           //  4: 4/8]
```

图 7-5　LoRa 调制解调器的配置参数

（1）扩频因子。

LoRa 扩频调制技术采用多个信息码片来代表有效负载信息的每个位。扩频信息的发送速率称为符号速率（Rs），而码片速率与标称符号速率之间的比值即扩频因子，表示每个信息位发送的符号数量。

扩频因子"LORA_SPREADING_FACTOR"，简称 SF，其取值范围为 6～12，6 和 12 是理想值，其值越大，传输距离也就越远，但是同样会导致传输速率的下降。当 SF 为 6 时，LoRa 调制解调器的数据传输速率最快，因此这一值仅在特定情况下使用。

（2）编码率。

LoRa 调制解调器采用循环纠错编码进行前向错误检测与纠错，使用这样的纠错编码之后，会产生传输开销。每次传输产生的数据开销如表 7-3 所示，编码率"LORA_CODINGRATE"决定了 LoRa 芯片的编码率。

表 7-3　每次传输产生的数据开销

编码率（LORA_CODINGRATE）	循环编码率	开销比
1	4/5	1.25
2	4/6	1.5
3	4/7	1.75
4	4/8	2

（3）信号带宽。

增加信号带宽，可以提高有效数据传输速率以缩短传输时间，但这需以牺牲部分接收灵敏度为代价。带宽"LORA_BANDWIDTH"的取值有：0 表示 125kHz，1 表示 250kHz，2 表示 500kHz，3 表示 Reserved。带宽越小则无线电波能量越集中，距离越远则传输速率越慢。

表 7-4 所示的 LoRa 调制解调器规格列出了多数规范约束的信号带宽。

表 7-4　LoRa 调制解调器规格

信号带宽/kHz	扩频因子	循环编码率	标称比特率/（bit/s）
7.8	12	4/5	18
10.4	12	4/5	24
15.6	12	4/5	37
20.8	12	4/5	49
31.2	12	4/5	73
41.7	12	4/5	98
62.5	12	4/5	146
125	12	4/5	293
250	12	4/5	586
500	12	4/5	1172

4．LoRa 数据包结构

LoRa 调制解调器采用隐式和显式两种数据包格式。其中，显式数据包的报头较短，主要包含字节数、编码率及是否在数据包中使用 CRC 等信息。LoRa 数据包结构如图 7-6 所示。

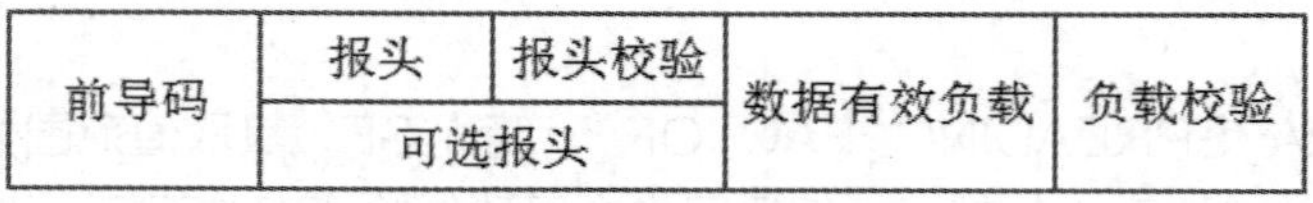

前导码	报头	报头校验	数据有效负载	负载校验
	可选报头			

图 7-6　LoRa 数据包结构

LoRa 数据包包含 3 个组成部分：前导码、可选报头和数据有效负载。

7.2.5　LoRa 通信协议

在工业和商业应用领域，不同企业的通信产品都有属于自己的私有通信协议，这些通信协议都是根据产品的特点而设计的，所以不尽相同。这些通信协议虽然有着不同的通信格式，却有着大体类似的结构。

1．请求

请求命令结构为 HEAD+CMD+NET_ID_H/L+LORA_ADDR+LEN+DATA+CHK，如表 7-5 所示。

表 7-5　请求命令结构

项目	HEAD	CMD	NET_ID_H	NET_ID_L	LORA_ADDR	LEN	DATA	CHK
编号	0	1	2	3	4	5	$6 \sim (n-1)$	n
长度	1 字节	1 字节	1 字节	1 字节	1 字节	1 字节	n-6 字节	1 字节
属性	0x55	命令编号	网络 ID 高字节	网络 ID 低字节	LoRa 地址	数据域长度	数据域	SUM

说明如下。

① HEAD：数据帧头，默认为 0x55。

② CMD：命令字节，0x01 表示读传感数据。

③ NET_ID：网络 ID 号，2 字节。

④ LORA_ADDR：LoRa 地址。

⑤ LEN：数据域长度。

⑥ DATA：数据域（可选），n 取大于等于 6 的整数。

⑦ CHK：校验和，从 HEAD 到 CHK 前一个字节的和，保留低 8 位。

2．响应

响应命令结构为 HEAD+CMD+NET_ID_H/L+LORA_ADDR+ACK+LEN+DATA+CHK，如表 7-6 所示。

表 7-6　响应命令结构

项目	HEAD	CMD	NET_ID_H	NET_ID_L	LORA_ADDR	ACK	LEN	DATA	CHK
编号	0	1	2	3	4	5	6	7～(n-1)	n
长度	1 字节	1 字节	1 字节	1 字节	1 字节	1 字节	1 字节	n-7 字节	1 字节
属性	0x55	命令编号	网络 ID 高字节	网络 ID 低字节	LoRa 地址	响应	数据域以及校验位（SUM）总长度	数据域	SUM

说明如下。

① HEAD：数据帧头，默认为 0x55。

② CMD：命令字节，0x01 表示读传感数据。

③ NET_ID：网络 ID 号，2 字节。

④ LORA_ADDR：LoRa 地址。

⑤ ACK：响应，0x00 表示响应 OK，0x01 表示无数据，0x02 表示数据错误，其他预留。

⑥ LEN：数据长度，指定数据域（DATA）及校验位（SUM）总长度有多少个字节。ACK 非 0x00 时，无此项。

⑦ DATA：数据域（可选），n 取大于等于 7 的整数。传感器名称编码后面用"（单位）"来标注单位，传感器名称编码和数值间用"："隔开，每组传感数据间用"|"隔开。例如 "voltage(mV):1256|humidity(%):68"。ACK 非 0x00 时，无此项。

⑧ CHK：校验和，从 HEAD 到 CHK 前一个字节的和，保留低 8 位。

※7.3　LoRaWAN 基础知识

7-2　微课

LoRaWAN 基础知识

7.3.1　LoRaWAN 网络简介

LoRaWAN 是为 LoRa 远距离通信网络设计的一套通信协议和系统架构。它的网络由应用服务器、网络服务器、网关、终端设备组成。

7.3.2 LoRaWAN 网络的节点设备类型

不同类型的节点设备有着不同的性能表现，这取决于节点设备类型的选择。LoRaWAN 网络的节点设备类型有 3 种，分别为电池供电-Class A、低延迟-Class B、无延迟-Class C。

1. 电池供电-Class A

Class A 类型的节点设备具有双向通信、单播消息的功能，但是消息有效载荷短，且通信时间间隔长，通信必须由 Class A 节点发起，也就是主动上报数据（uplink）。服务器和 Class A 节点的通信只能在事先约定好的响应窗的时间内进行，也就是服务器下发数据（downlink）只能在打开响应窗 1 或响应窗 2 的时间内进行，通信时序如图 7-7 所示。Class A 节点平时处于休眠模式，当它需要工作的时候才会去发送数据包，所以功耗比较低。但是其实时性较差，间隔一段时间才能下行通信。

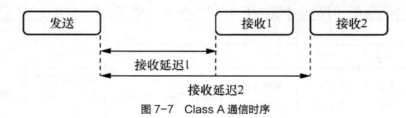

图 7-7　Class A 通信时序

2. 低延迟-Class B

Class B 类型的节点设备具有双向通信、单播消息、多播消息的功能，同样具有消息有效载荷短，且通信时间间隔长的缺点，需要注意的是 Class B 类型的节点设备的双向通信是在预定的接收槽（Slot）内进行的。网关发出周期性信标给 Class B 节点，所以 Class B 节点还有一个额外的接收窗口（Ping Slot）。服务器可以在固定的时间间隔内下发数据至 Class B 节点，Class B 通信时序如图 7-8 所示。当需要 Class B 节点去响应实时性问题的时候，首先网关会发送一个信标，告诉节点要加快通信、快速工作，节点收到信标之后，会在 128s 内去打开多个事件窗口，每个窗口占 3~160ms，在 128s 内可以实时对节点进行监控。

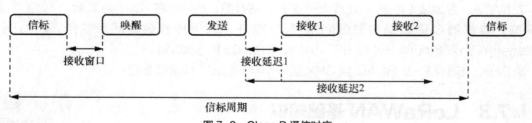

图 7-8　Class B 通信时序

3. 无延迟-Class C

Class C 类型的节点设备具有双向通信、单播消息、多播消息的功能，也具有消息有效载荷短的缺点。服务器可以在任意时间间隔内下发数据到 Class C 节点，Class C 节点持续不断地处于接收状态。Class C 通信时序如图 7-9 所示。Class C 节点如果不发送数据,节点会一直打开接收窗口,既保证了实时性,也保证了数据的收发,但是功耗非常高。

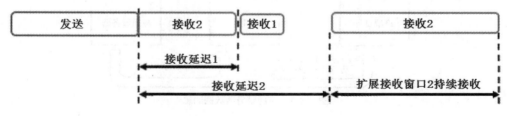

图 7-9　Class C 通信时序

7.3.3　LoRaWAN 终端设备激活

终端设备要想在 LoRaWAN 网络上通信,就必须先被激活,激活需要用到设备地址、网络会话密钥、应用会话密钥,在 LoRaWAN 网络中的不同节点允许网络使用正确的密钥并准确地解析数据。

7.3.4　LoRaWAN 网络设备的数据传递流程

1.　确认帧消息(Confirmed-Data Message)

如图 7-10 所示,终端设备发出数据,网关将接收到的数据发送给服务器,再由服务器推送给应用服务器。应用服务器收到数据之后回送 ACK(确认),然后网关将确认信息回送给终端设备,完成确认帧消息的传递。

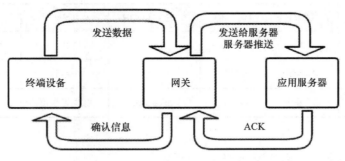

图 7-10　确认帧消息

2.　应用服务器数据消息(Application Server Data Message)

如图 7-11 所示,应用服务器有一个数据要发给终端设备,但是此时终端设备处于睡眠状态,应用服务器不得不等待终端设备苏醒再发送数据。当终端设备检测到传输时,发起消息上行(UL),网关把 UL 上传给应用服务器,应用服务器收到之后,便下发下行(DL)数据给网关,网关会在合适的时机(终端设备打开响应窗 RX 时)发送下行数据消息给终端设备。一旦终端设备打开接收窗口,网关便发送下行数据消息给终端设备。

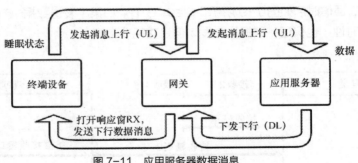

图 7-11　应用服务器数据消息

7.3.5　LoRaMac-node 简介

LoRaMac-node 是 Semtech 官方发布的 LoRaWAN 节点端项目。该项目包含 LoRaWAN 通信协议实现和项目实例，包含 Class A、Class B、Class C 三种终端设备的案例。最新代码可通过 https://github.com/LoRa-net/LoRaMac-node 下载。

7.3.6　LoRaWAN 通信协议

一帧完整的通信协议帧，一般由帧头、命令字节、长度字节、校验字节构成。

无线通信中，同一个频道内，同时存在好几个无线网络组，为区分这些网络组，可以给每个组定一个网络 ID，用这个网络 ID 来区分不同的网络。同一个网络中的不同设备则用设备地址来区分。

无线通信协议的基本结构为 HEAD+CMD+NET_ID+LORA_ADDR+LEN+DATA+CHK，由此设计上报传感数据命令，命令中的各个成员含义如表 7-7 所示。

表 7-7　上报传感数据命令结构

项目	HEAD	CMD	NET_ID	LORA_ADDR	LEN	DATA	CHK
编号	0	1	2~5	6~9	10	11~(n-1)	n
长度	1 字节	1 字节	4 字节	4 字节	1 字节	n-11 字节	1 字节
属性	0x55	命令编号	网络 ID	LoRa 地址	数据域长度	数据域	SUM

说明如下。

① HEAD：数据帧头，默认为 0x55。

② CMD：命令字节，例如 0x81 表示上发传感数据。

③ NET_ID：网络 ID，4 字节。

④ LORA_ADDR：LoRa 地址，4 字节。

⑤ LEN：数据长度，指定数据域 DATA 有多少个字节。ACK 非 0x00 时，无此项。

⑥ DATA：数据域（可选），n 取大于等于 11 的整数。传感器名称编码后面用"（单位）"来标注单位，传感器名称编码和数值间用"："隔开，每组传感数据间用"|"隔开。ACK 非 0x00 时，无此项。

⑦ CHK：校验和，从 HEAD 到 CHK 前一个字节的和，保留低 8 位。

7.4 设备选型

7.4.1 LoRa 模块

取一块 LoRa 模块，LoRa 模块裸板如图 7-12 所示。将显示屏下方的两个开关 JP1 和 JP2 分别向右拨和往左拨，将拨码开关往上拨，并插上天线。

图 7-12　LoRa 模块裸板

JP1 是 boot 脚的设置脚，向右拨的时候是正常工作，向左拨在下载固件时使用；JP2 是 STM32 单片机的 USART1 的接通选择开关，向左拨的时候接通到 NEWLab 主机上；向右拨的时候断开与 NEWLab 主机的连接，并将 RX 和 TX 引脚接通到 J6 排针母座上。

拨码开关用于控制 STM32 的 SPI 引脚和 SX1278 模组的 SPI 引脚接通，全部向上拨的时候，STM32 的 SPI 引脚和 SX1278 模组接通；全部向下拨的时候，STM32 的 SPI 引脚和 SX1278 模组断开连接。

7.4.2 温湿度光敏传感器

在 LoRa 模块上插上温湿度光敏传感器（M21）模块（图 7-13），作为 LoRa 传感器节点，温湿度光敏传感器原理如图 7-14 所示。

图 7-13　温湿度光敏传感器

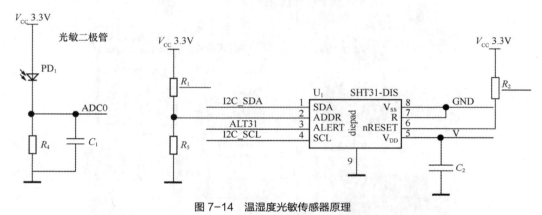

图 7-14　温湿度光敏传感器原理

【项目实施】

　　本项目案例要求搭建一个基于 LoRa 的矿井安防检测系统，系统构成有：PC1 台（作为上位机）、网关 1 个、LoRa 模块 3 块、温湿度传感器 1 个、光照传感器 1 个。

　　矿井安防检测系统拓扑结构如图 7-15 所示。整个系统由两个通信网络构成，LoRa 网络含一个主机节点、2 个从机节点，LoRa 通信协议作为应用层协议。主机节点与网关之间的连接基于 RS-485 网络，网关通过以太网连接到云平台。

　　任务实施前必须先准备好设备和资源：LoRa 模块（含天线）3 块、温湿度光敏传感器 2 个、物联网网关 1 台、ST-LINK 仿真器 1 个、各色香蕉线若干、杜邦线若干、PC 1 台、智慧盒（含 USB 连接线）3 个。

　　主要步骤包括：

　　① 系统搭建；

　　② 完善工程代码和编译下载程序；

　　③ 结果验证；

　　④ 测试方案及设计；

　　⑤ LoRaWAN 协议栈移植。

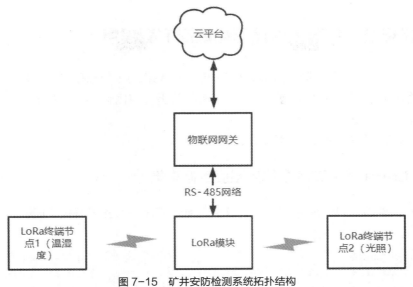

图 7-15 矿井安防检测系统拓扑结构

7.5 任务 1：系统搭建

7-3 微课

硬件环境搭建

矿井安防检测项目需要使用 3 块 LoRa 模块、2 个温湿度光敏传感器、1 台物联网网关。矿井安防检测项目硬件连接如图 7-16 所示，操作步骤如下。

① 给 3 块 LoRa 模块分别安装 LoRa 天线，将一个温湿度光敏传感器插在 LoRa 模块上，作为终端节点 1，将另外一个温湿度光敏传感器插在另外一块 LoRa 模块上，作为终端节点 2，将第三块 LoRa 模块作为汇聚节点。

② 将 LoRa 汇聚节点 J12(485+、485-)与物联网网关 A2、B2 互相连接。

③ 将物联网网关的 LAN 口与 PC 通过网线相连，将物联网网关的 WAN 口与外网相连，将物联网网关接电压为 12V 的电源。

图 7-16 矿井安防检测项目硬件连接

7.6 任务 2：完善工程代码和编译下载程序

7-4 微课

完善工程代码及
编译下载程序 1

实施该任务分 3 步，第 1 步完善温湿度光敏传感器终端节点 1 代码；第 2 步完善温湿度光敏传感器终端节点 2 代码；第 3 步完善汇聚节点代码，实现传感数据汇聚到云平台。

打开资源包的 LoRa 矿井安防检测项目工程。

7.6.1 LoRa 终端节点 1 的温湿度数据采集

在 main.c 文件中找到宏开关，打开 LoRa_Slave_TmpHum 宏开关（值设为 1），其他两个节点关闭（值设为 0）。

```
#define LoRa_Master            0            //LoRa 汇聚节点
#define LoRa_Slave_TmpHum      1            //LoRa 终端节点 1（温湿度数据）
#define LoRa_Slave_Light       0            //LoRa 终端节点 2（光照数据）
```

终端节点 1 需要采集温度和湿度数据，定义两个全局变量分别用于存放温度和湿度数据，方便程序的数据共享和传递，LoRa 地址设置为 0x02。代码如下所示。

```
#if LoRa_Slave_Light
#define MY_ADDR   0x01
#elif LoRa_Slave_TmpHum
#define MY_ADDR   0x02
#endif

/*全局变量*/
int8_t temperature = 25;    //温度，单位：℃
int8_t humidity = 60;       //湿度，单位：%RH
```

在 main()函数中设置 LoRa 无线射频接收数据处理和终端节点采集传感数据，这里先使用传感数据采集函数。

```
int main( void )
{
    PlatformInit();

    while( 1 )
    {
        MyRadioRxDoneProcess();        //LoRa 无线射频接收数据处理
#if LoRa_Master
        LoRa_ReadSensorProcess(ADDR_MIN,ADDR_MAX);
#else
        LoRa_GetSensorDataProcess(); //传感数据采集
#endif
    }
}
```

在 LoRa_GetSensorDataProcess()函数中通过调用 call_sht11()函数实现温湿度数据的采集，并将采集到的温湿度数据显示在 OLED 屏上。

```
void LoRa_GetSensorDataProcess(void)
{
    const uint16_t time = 1000;
    if(User0Timer_MS > time)
    {
        User0Timer_MS = 0;
#if LoRa_Slave_TmpHum
        uint16_t Temp, Rh;
            call_sht11((uint16_t *)(&Temp), (uint16_t *)(&Rh)); //采集温湿度数据
            temperature = (int8_t)Temp;                  //温度，单位：℃
            humidity = (int8_t)Rh;                       //湿度，单位：%RH
            char StrBuf[64]= {0};
            memset(StrBuf, '\0', 64);
            sprintf(StrBuf, " %d DegrCe",temperature);
            OLED_ShowString(0,4,(uint8_t *)StrBuf);      //OLED屏显示当前温度
            memset(StrBuf, '\0', 64);
            sprintf(StrBuf, " %d %%",humidity);
            OLED_ShowString(0,6,(uint8_t *)StrBuf);      //OLED屏显示当前相对湿度
#elif LoRa_Slave_Light
…//此处省略无关代码
#endif
    }
}
```

　　LoRa 网关节点发送请求帧给终端节点，终端节点 1 接收到请求，通过 MyRadioRxDoneProcess()
函数进行无线射频接收数据的处理过程。

```
void MyRadioRxDoneProcess( void )
{
    uint16_t BufferSize = 0;
    uint8_t RxBuffer[BUFFER_SIZE];

    BufferSize = ReadRadioRxBuffer( (uint8_t *)RxBuffer );
    if(BufferSize>0)
    {
        GpioToggle(&Led2);//收到数据切换亮灯指示
        LoRa_DataParse((uint8_t*)RxBuffer,BufferSize); //数据解析
    }
}
```

　　接收到 LoRa 请求帧，终端节点 LED2 闪烁，调用 LoRa_DataParse()函数进行请求帧数据
解析。

```
void LoRa_DataParse(uint8_t *LoRaRxBuf,uint16_t len)
{
    uint8_t *DestData=NULL;
#define HEAD_DATA *DestData                      //帧头
#define CMD_DATA *(DestData+1)                    //命令
#define NETH_DATA *(DestData+2)                   //网络ID高字节
#define NETL_DATA *(DestData+3)                   //网络ID低字节
#define ADDR_DATA *(DestData+4)                   //地址
#define ACK_DATA *(DestData+5)                    //响应
#define LEN_DATA *(DestData+6)                    //长度
#define DATASTART_DATA *(DestData+7)              //数据域起始
```

```
       DestData=ExtractCmdframe((uint8_t*)LoRaRxBuf,len,START_HEAD);
       if(DestData!=NULL)//检索数据帧头
       {
           if((DestData - LoRaRxBuf) > (len - 6)) return;    //数据长度不足构成一帧完整数据
           if(CMD_DATA != CMD_READ) return;                  //命令错误
   #if LoRa_Master
           …//此处省略无关代码
   #else
           if(CheckSum((uint8_t *)DestData, 5) != (*(DestData+5))) return;//校验不通过,
   仅适用于校验读数据命令的校验
           if((((uint16_t)NETH_DATA)<<8)+NETL_DATA) != MY_NET_ID) return;//网络ID不一致
           //发送读响应
           if(ADDR_DATA != MY_ADDR) return;//地址不一致
           //下面为生成响应数据的代码
           uint8_t RspBuf[BUFFER_SIZE]= {0};
           memset(RspBuf, '\0', BUFFER_SIZE);

           RspBuf[0]=START_HEAD;
           RspBuf[1]=CMD_READ;
           RspBuf[2]=(uint8_t)(MY_NET_ID>>8);
           RspBuf[3]=(uint8_t)MY_NET_ID;
           RspBuf[4]=MY_ADDR;
           RspBuf[5]=ACK_OK;
   #if LoRa_Slave_TmpHum
           sprintf((char *)(RspBuf+7),"temperature(℃):%d|humidity(%%):%d",temperature,
   humidity);//数据域, sprintf 中, 两个 "%" 表示输出 "%"
           RspBuf[6]=strlen((const char *)(RspBuf+7))+1;//数据域长度
           RspBuf[6+RspBuf[6]]=CheckSum((uint8_t *)RspBuf, 6+RspBuf[6]);
           Radio.Send( RspBuf, 7+RspBuf[6]);//发送响应数据
   #elif LoRa_Slave_Light
           …//此处省略无关代码
   #endif
           GpioToggle(&Led1);//发送数据指示
   #endif
       }
   }
```

根据 LoRa 协议进行请求帧数据的解析，并将之前采集到的温湿度数据进行封装，将封装好的响应帧通过 Radio.Send()无线发送给 LoRa 网关节点。这里需要注意的是，终端节点和网关节点的网络 ID、频率要一致。

main.c 文件中：

```
#define MY_NET_ID  0xD0C2//网络ID
```

NS_Radio.h 文件中：

```
#define RF_PING_PONG_FREQUENCY  433300000 // Hz
```

至此基本就完成了各个功能子函数的编码和补充了，此时还需要在 main.c 中添加函数声明，函数声明如下所示。

```
void LoRa_DataParse( uint8_t *LoRaRxBuf, uint16_t len );
void LoRa_GetSensorDataProcess(void);
```

编译工程，LoRa 终端节点 1 编译结果如图 7-17 所示，可以看到 0 个错误、0 个警告。Keil 编译器编译生成 HEX 文件，通过 ST-LINK 仿真器烧写到终端节点 1 设备中。

```
Build Output
compiling hal_oled.c...
compiling hal_temHum.c...
compiling sx1276.c...
compiling adc.c...
compiling delay.c...
compiling gpio.c...
compiling uart.c...
compiling timer.c...
linking...
Program Size: Code=35954 RO-data=4278 RW-data=100 ZI-data=5132
FromELF: creating hex file...
".\Objects\LoRaModem.axf" - 0 Error(s), 0 Warning(s).
Build Time Elapsed:  00:00:32
```

图 7-17　LoRa 终端节点 1 编译结果

7.6.2　LoRa 终端节点 2 的光照数据采集

在 main.c 文件中找到宏开关，打开 LoRa_Slave_Light 宏开关（值设为 1），其他两个节点关闭（值设为 0）。

```
#define LoRa_Master            0        //LoRa 汇聚节点
#define LoRa_Slave_TmpHum      0        //LoRa 终端节点 1（温湿度数据）
#define LoRa_Slave_Light       1        //LoRa 终端节点 2（光照数据）
```

终端节点 2 需要采集光照数据，定义一个全局变量用于存放光照数据，方便程序的数据共享和传递，LoRa 地址设置为 0x01。代码如下所示。

```
#if LoRa_Slave_TmpHum
#define MY_ADDR   0x01
#elif LoRa_Slave_Light
#define MY_ADDR   0x02
#endif
/*全局变量*/
uint16_t LightLux = 200;                //光敏传感器采集到的光照度，单位：lx
```

继续使用传感数据采集函数。

```
int main( void )
{
    PlatformInit();

    while( 1 )
    {
        MyRadioRxDoneProcess();          //LoRa 无线射频接收数据处理
#if LoRa_Master
        LoRa_ReadSensorProcess(ADDR_MIN,ADDR_MAX);
#else
        LoRa_GetSensorDataProcess(); //传感数据采集
#endif
    }
}
```

在 LoRa_GetSensorDataProcess()函数中，根据厂家提供的光敏传感器的规格书可以查到，在一定的光照度范围内，环境光照度的变化与光敏传感器的输出电流成正比，光电流与光照度关系曲线如图 7-18 所示。

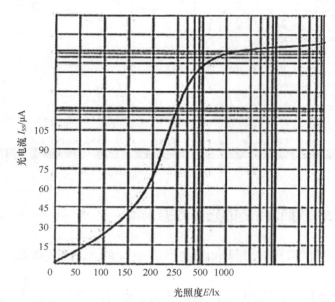

图 7-18　光电流与光照度关系曲线

如表 7-8 所示，根据厂家提供的 25℃下的光电参数可知，光照度 E 为 10lx 时的亮电流 I_{ss} 典型值为 4μA，光照度 E 为 100lx 时的亮电流 I_{ss} 典型值为 40μA。假设光照度 E 的变化与亮电流的比例为 K，L_0 为常数，可以得出如下所示的二元方程关系式。

$$10-L_0=4K$$

$$100-L_0=40K$$

解方程可以得到 $L_0=0$，$K=5/2$。因此光照度和亮电流的关系为 $E=(5/2)\times I_{ss}$，I_{ss} 的单位为 μA，E 的单位为 lx。

表 7-8　光电参数　　　　　　　　　　　　　　　　　$T_a=25℃$

参数名称		符号	测试条件	最小值	典型值	最大值	单位
暗电流		I_{drk}	$E=0$ lx, $V_{dd}=10V$	—	—	0.2	μA
亮电流		I_{ss}	$V_{dd}=5V$, $E=10lx$, $R_{ss}=1kΩ$	2	4	8	μA
			$V_{dd}=5V$, $E=100lx$, $R_{ss}=1kΩ$	20	40	80	
感光光谱		$λ$	-	—	800	1050	nm
响应延时	上升	tr	$V_{dd}=10V$, $I_{ss}=5mA$, $R_L=100Ω$	—	4	—	μS
	下降	tf		—	4	—	μS

根据原理图 7-15 和 $E=(5/2) \times I_{ss}$，得出如下计算光照度的源代码。

```
uint16_t AdcNum,voltage;
AdcNum = AdcReadChannel( &Adc, ADC_CHANNEL_0 ); //A/D转换器精度为12位,参考电压为3.3V
voltage = AdcNum*3300/(4096-1.0);                //传感器电压值,单位: mV
LightLux = (5/2.0)*(voltage/10.0);
```

将采集到的光照数据，通过 OLED 屏显示出来。

```
void LoRa_GetSensorDataProcess(void)
{
    const uint16_t time = 1000;
    if(User0Timer_MS > time)
    {
        User0Timer_MS = 0;
#if LoRa_Slave_TmpHum
        ......//此处省略无关代码
#elif LoRa_Slave_Light
        uint16_t AdcNum,voltage;
        AdcNum = AdcReadChannel( &Adc, ADC_CHANNEL_0 );//A/D转换器精度为12位,参考电压为3.3V
        voltage = AdcNum*3300/(4096-1.0);                //传感器电压值,单位: mV
        LightLux = (5/2.0)*(voltage/10.0);
        char StrBuf[64]= {0};
        memset(StrBuf, '\0', 64);
        sprintf(StrBuf, " %d lux",LightLux);
        OLED_ShowString(0,4,(uint8_t *)StrBuf);
#endif
    }
}
```

LoRa 网关节点发送请求帧给终端节点，终端节点 2 接收到请求，通过 MyRadioRxDone Process()函数进行无线射频接收数据的处理。

```
void MyRadioRxDoneProcess( void )
{
    uint16_t BufferSize = 0;
    uint8_t RxBuffer[BUFFER_SIZE];

    BufferSize = ReadRadioRxBuffer( (uint8_t *)RxBuffer );
    if(BufferSize>0)
    {
        GpioToggle(&Led2);//收到数据切换亮灯指示
        LoRa_DataParse((uint8_t*)RxBuffer,BufferSize); //数据解析
    }
}
```

接收到 LoRa 请求帧，终端节点 LED2 闪烁，调用 LoRa_DataParse()函数进行请求帧数据解析。

```
void LoRa_DataParse(uint8_t *LoRaRxBuf,uint16_t len)
{
    uint8_t *DestData=NULL;
#define HEAD_DATA *DestData               //帧头
```

```
#define CMD_DATA  *(DestData+1)      //命令
#define NETH_DATA *(DestData+2)      //网络 ID 高字节
#define NETL_DATA *(DestData+3)      //网络 ID 低字节
#define ADDR_DATA *(DestData+4)      //地址
#define ACK_DATA  *(DestData+5)      //响应
#define LEN_DATA  *(DestData+6)      //长度
#define DATASTART_DATA *(DestData+7)//数据域起始

    DestData=ExtractCmdframe((uint8_t*)LoRaRxBuf,len,START_HEAD);
    if(DestData!=NULL)                  //检索数据帧头
    {
      if((DestData - LoRaRxBuf) > (len - 6)) return;      //数据长度不足构成一帧完整数据
        if(CMD_DATA != CMD_READ) return;                  //命令错误
#if LoRa_Master
        ......                                            //省略无关代码
#else
        if(CheckSum((uint8_t *)DestData, 5) != (*(DestData+5))) return;//校验不通过,
仅适用于校验读数据命令的校验
        if((((((uint16_t)NETH_DATA)<<8)+NETL_DATA) != MY_NET_ID) return;//网络 ID 不一致
                                                          //发送读响应
        if(ADDR_DATA != MY_ADDR) return;                  //地址不一致
                                                          //下面为生成响应数据的代码

        uint8_t RspBuf[BUFFER_SIZE]= {0};
        memset(RspBuf, '\0', BUFFER_SIZE);

        RspBuf[0]=START_HEAD;
        RspBuf[1]=CMD_READ;
        RspBuf[2]=(uint8_t)(MY_NET_ID>>8);
        RspBuf[3]=(uint8_t)MY_NET_ID;
        RspBuf[4]=MY_ADDR;
        RspBuf[5]=ACK_OK;
#if LoRa_Slave_TmpHum
        ......                                                 //省略无关代码
#elif LoRa_Slave_Light
        sprintf((char *)(RspBuf+7),"LightLux(lux):%d", LightLux);//数据域
        RspBuf[6]=strlen((const char *)(RspBuf+7))+1;//数据域长度
        RspBuf[6+RspBuf[6]]=CheckSum((uint8_t *)RspBuf, 6+RspBuf[6]);
        Radio.Send( RspBuf, 7+RspBuf[6]);//发送响应数据
#endif
        GpioToggle(&Led1);//发送数据指示
#endif
    }
}
```

根据 LoRa 协议进行请求帧数据的解析，并将之前采集到的温湿度数据进行封装，将封装好的响应帧通过 Radio.Send()无线发送给 LoRa 网关节点。

编译工程，编译成功后使用 ST-LINK 仿真器将其烧写到终端节点 2 设备中。

7.6.3　LoRa 网关节点汇聚传感数据

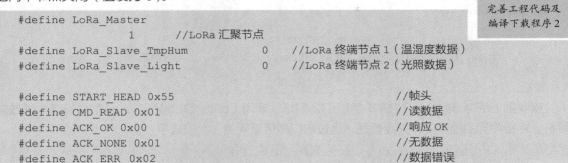

7-5　微课

完善工程代码及
编译下载程序 2

在 main.c 文件中找到宏开关，打开 LoRa_Master 宏开关（值设为 1），其他两个节点关闭（值设为 0）。

```
#define LoRa_Master
                      1        //LoRa 汇聚节点
#define LoRa_Slave_TmpHum         0    //LoRa 终端节点 1（温湿度数据）
#define LoRa_Slave_Light          0    //LoRa 终端节点 2（光照数据）

#define START_HEAD 0x55                              //帧头
#define CMD_READ 0x01                                //读数据
#define ACK_OK 0x00                                  //响应 OK
#define ACK_NONE 0x01                                //无数据
#define ACK_ERR 0x02                                 //数据错误
```

网关节点将接收到的温湿度、光照数据经 RS-485 通过网关上报至云平台。

使用 main() 函数，通过 LoRa 地址发送请求帧给终端节点。

```
int main( void )
{
    PlatformInit();

    while( 1 )
    {
        MyRadioRxDoneProcess();        //LoRa 无线射频接收数据处理
#if LoRa_Master
        LoRa_ReadSensorProcess(ADDR_MIN,ADDR_MAX);
#else
        LoRa_GetSensorDataProcess(); //传感数据采集
#endif
    }
}
```

在 LoRa_SendRead() 函数中根据 LoRa 自定义协议，请求命令结构为 HEAD+CMD+NET_ID +LORA_ADDR+LEN（可选）+DATA（可选）+CHK。

```
void LoRa_SendRead(uint16_t NetId,uint8_t addr)
{
    uint8_t TxBuffer[BUFFER_SIZE];
    TxBuffer[0]=START_HEAD;
    TxBuffer[1]=CMD_READ;
    TxBuffer[2]=(uint8_t)(NetId>>8);
    TxBuffer[3]=(uint8_t)NetId;
    TxBuffer[4]=addr;
    TxBuffer[5]=CheckSum((uint8_t*)TxBuffer,5);
    Radio.Send(TxBuffer,6);
}
```

LoRa 网关节点发送请求帧给终端节点，终端节点接收到请求帧，通过 MyRadioRx-DoneProcess() 函数进行无线射频接收数据的处理。

```
void MyRadioRxDoneProcess( void )
{
    uint16_t BufferSize = 0;
    uint8_t RxBuffer[BUFFER_SIZE];

    BufferSize = ReadRadioRxBuffer( (uint8_t *)RxBuffer );
    if(BufferSize>0)
    {
        GpioToggle(&Led2);//收到数据切换亮灯指示
        LoRa_DataParse((uint8_t*)RxBuffer,BufferSize); //数据解析
    }
}
```

接收到 LoRa 请求帧，终端节点 LED2 闪烁，调用 LoRa_DataParse()函数进行请求帧数据解析。将接收到的温湿度、光照数据，通过串口透传至网关，上报云平台。

```
void LoRa_DataParse(uint8_t *LoRaRxBuf,uint16_t len)
{
    uint8_t *DestData=NULL;
#define HEAD_DATA *DestData             //帧头
#define CMD_DATA *(DestData+1)          //命令
#define NETH_DATA *(DestData+2)         //网络 ID 高字节
#define NETL_DATA *(DestData+3)         //网络 ID 低字节
#define ADDR_DATA *(DestData+4)         //地址
#define ACK_DATA *(DestData+5)          //响应
#define LEN_DATA *(DestData+6)          //长度
#define DATASTART_DATA *(DestData+7)    //数据域起始

    DestData=ExtractCmdframe((uint8_t*)LoRaRxBuf,len,START_HEAD);
    if(DestData!=NULL)//检索数据帧头
    {
      if((DestData - LoRaRxBuf) > (len - 6)) return;//数据长度不足构成一帧完整数据
      if(CMD_DATA != CMD_READ) return;//命令错误
#if LoRa_Master
      if(CheckSum((uint8_t*)DestData, 6+DestData[6]) != (*(DestData+6+(*(DestData+6)))))
return;//校验不通过
      if(((((uint16_t)NETH_DATA)<<8)+NETL_DATA) != MY_NET_ID) return;//网络 ID 不一致

      //传感数据显示到 OLED 屏上
      char OledBuf[32];
      memset(OledBuf, ' ', 32);
      memcpy(OledBuf+1, &DATASTAR_DATA, (LEN_DATA-1)>30?30:(LEN_DATA-1));
      OLED_ShowString(0,4, (uint8_t *)OledBuf);

      USART1_SendStr((uint8_t *)DestData, 7+(*(DestData+6)));//透传
#else
      …//此处省略无关代码
#endif
    }
}
```

编译工程，编译成功后使用 ST-LINK 仿真器将其烧写到 LoRa 网关节点中。

7.7 任务 3: 结果验证

1. 新建项目

登录云平台后，先单击"开发者中心"按钮（图 7-19 中标号①处），然后单击"新增项目"按钮（图 7-19 中标号②处）即可新建一个项目，如图 7-19 所示。

图 7-19　在云平台上新建项目

在弹出的"添加项目"对话框中，可对"项目名称""行业类别""联网方案"等信息进行填充（图 7-19 中的标号③处）。在本项目案例中，设置"项目名称"为"园区环境监测"，"行业类别"选择"工业物联"，"联网方案"选择"以太网"。最后单击"下一步"按钮。

2. 添加设备

项目新建完毕后，可为其添加设备，在设备标识名末尾加一串随机数字，防止重复，如图 7-20 所示，输入设备名称"园区环境监测"，勾选通信协议"TCP"，输入设备标识"LoRa0596190912"，最后单击"确定添加设备"按钮。在"设备管理"界面，如图 7-21 所示，记录设备 ID、设备标识、传输密钥，后续需要用到这 3 个参数。

确认 ApiKey 是否生成或有效。

3. 配置物联网网关接入云平台

登录物联网网关系统管理界面 192.168.14.200:8400（IP 可自行设置+端口号固定），如图 7-22 所示。

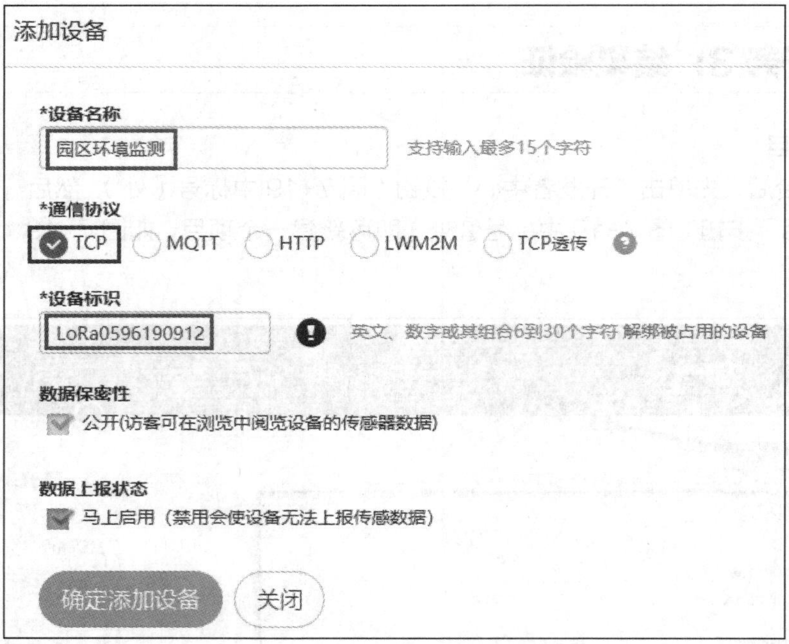

添加设备
*设备名称
园区环境监测
支持输入最多15个字符
*通信协议
TCP
MQTT
HTTP
LWM2M
TCP透传
*设备标识
LoRa0596190912
英文、数字或其组合6到30个字符 解绑被占用的设备
数据保密性
公开(访客可在浏览中阅览设备的传感器数据)
数据上报状态
马上启用（禁用会使设备无法上报传感数据）
确定添加设备
关闭

图 7-20　在云平台上添加设备

云平台 / 开发者中心 / 园区环境监测 / 设备管理
添加设备
记录：
设备ID、
设备标识、
传输密钥
设备图片
设备名称
园区环境监测
设备ID：43341
设备标识：LoRa0596190912
传输密钥：a1a5e73eae93460a91aed910fb36deba
通讯协议：TCP
数据浏览：http://www.nlecloud.com/device/43341

图 7-21　“设备管理”界面

平台账号：请输入平台账号
填写你的云平台账号
平台密码：请输入平台密码
填写你的云平台密码
设备 ID：请输入设备ID
填写你的云平台设备ID
设备标识：请输入设备标识
填写你的云平台设备标识
传输密钥：请输入传输密钥
填写你的云平台设备密钥
通信协议：TCP
读取
设置
清空

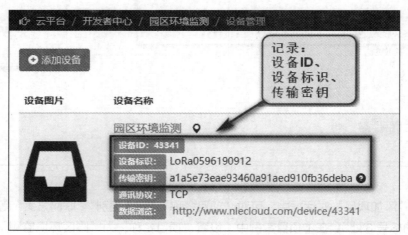

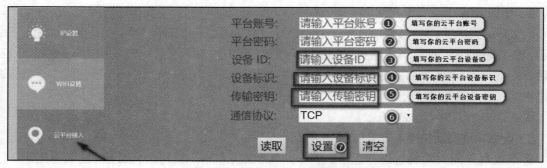

图 7-22　物联网网关系统管理界面

将前面记录的设备 ID、设备标识、传输密钥输入图 7-22 的标号③～⑤处的文本框中。物联网网关配置参数配置完毕，单击"设置"按钮（图 7-22 中标号⑦处），物联网网关系统将自动重启，等待 20s 左右，系统初始化完毕。

4．系统运行情况分析

按图 7-23 所示步骤进行操作，可让网页实时显示数据，查看数据上传情况。

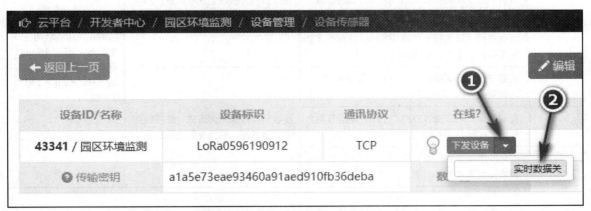

图 7-23　开启实时显示

实时显示效果如图 7-24 所示，网页每间隔 5s 刷新一次。

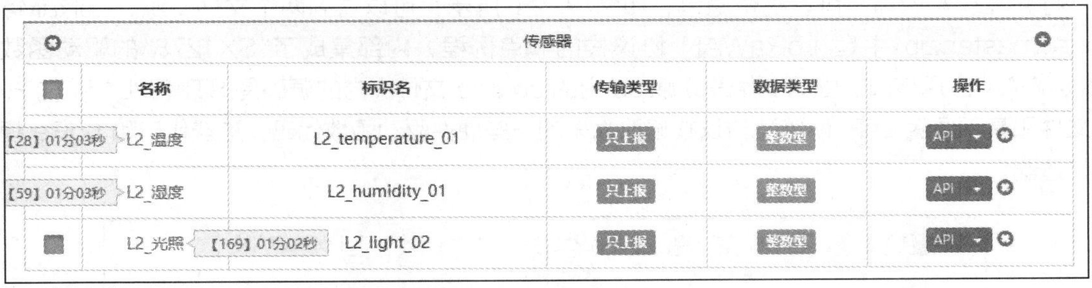

图 7-24　实时显示效果

7.8　任务 4：测试方案及设计

7.8.1　测试目的

本任务的目的是验证 LoRa 无线传输距离对速率的影响。

7.8.2　测试方法

在工程代码的基础上进行测试。将 3 个 LoRa 模块均接上天线，分别置于智慧盒上。其中采集温湿度数据的 LoRa 模块作为发射节点 1，采集光照数据的 LoRa 模块作为发射节点 2，进行汇聚操作的 LoRa 模块作为接收节点，测试结果如表 7-9 所示。

表 7-9　测试结果

序号	功能测试项目	测试现象	测试结果
1	发射节点 1 距离接收节点 10m，发送节点 2 距离接收节点 5m 时	接收节点先接收到光照数据，接收到温湿度数据有一定时延	LoRa 在传输距离空旷的地方可达 15km，在有部分建筑物等环境干扰的情况下，可达 2～5km
2	发射节点 1 距离接收节点 100m，发送节点 2 距离接收节点 50m 时		
3	发射节点 1 距离接收节点 200m，发送节点 2 距离接收节点 100m 时		
4	发射节点 1 距离接收节点 10m，发送节点 2 距离接收节点 10m 时	接收节点根据轮询方式，先接收到温湿度数据，后接收到光照数据	
5	发射节点 1 距离接收节点 100m，发送节点 2 距离接收节点 100m 时		
6	发射节点 1 距离接收节点 200m，发送节点 2 距离接收节点 200m 时		

※7.9　任务 5：LoRaWAN 协议栈移植

打开 LoRaWAN 协议栈资源包，如图 7-25 所示，可以看到两个文件资源，LoRaMac-node-master.zip 中是 LoRaWAN 协议栈的节点例程，内部集成了 SX1278 的驱动函数和 LoRaWAN 应用接口。LoRa 源码资源.zip 内的 source 文件夹内的源码是 STM32L151 的 HAL 库文件和基于原版 LoRaWAN 协议栈修改而来的一些硬件驱动函数代码，这些代码和 LoRa 模块硬件适配。

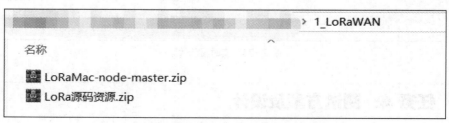

图 7-25　LoRaWAN 协议栈资源包

这里，要将 LoRaWAN 移植和适配到 LoRa 模块上。

将 LoRaMac-node-master.zip 文件解压到合适位置，将解压后的文件夹（见图 7-26）内的 coIDE、Doc、Keil 文件夹删除，本项目用不到这些文件。

在 LoRaMac-node-master 文件夹内新建 project 文件夹，在 project 文件夹内再新建 classA 文件夹。将 LoRaMac-node-master 文件夹下的 src 文件夹重命名为 source。进入路径...\LoRaMac-node-master\source，如图 7-27 所示。apps 文件夹内是应用层相关的源码，boards 文件夹内的文件都是和硬件平台相关的，用的 MCU 是 STM32L151，相应地，需要将 boards 文件夹中的文件替换为 STM32L151 相关的驱动和 HAL 库。Peripherals 文件夹中则是外设相关的驱动源码文件，目前的外设有 OLED12864 显示屏和温湿度传感器。

如图 7-27 所示，将 LoRa 源码资源\source 中的 apps、boards、peripherals 复制替换到 LoRaMac-node-master\source 文件夹中，替换掉协议栈原有的文件，这样就将原有协议栈的应用层、固件库、外设替换为自己的硬件平台了。LoRa 源码资源文件夹中的 STM32L151 的 HAL 库是事先已经准备好的，HAL 库是从软件 STM32CubeMX 下载的"stm32cube_fw_l1_v180.zip"压缩包中提取出来的，这也保障了将软件 STM32CubeMX 生成的初始化代码移植到工程模板中使用。

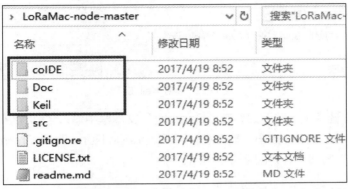

图 7-26　LoRaMac-node-master 文件夹

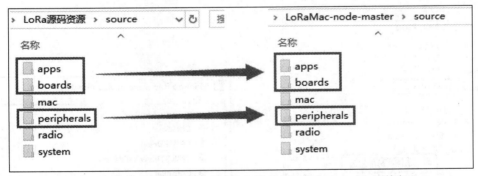

图 7-27　LoRa 源码资源文件夹和 LoRaMac-node-master 文件夹

然后，新建 Keil 工程，打开 Keil 软件，如图 7-28 所示，单击菜单"Project"，再单击"New μVision Project"。如图 7-29 所示，在弹出的对话框中找到路径...\LoRaMac-node-master\project\classA，将 Keil 工程命名为 LoRaMac 并单击"保存"按钮。

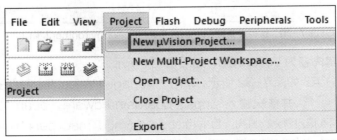

图 7-28　新建 Keil 工程

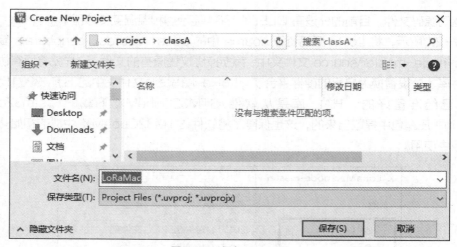

图 7-29　保存 Keil 工程

随后软件将弹出选择设备的窗口，在"Search："文本框中输入"stm32l151c8"，然后选中搜索到的芯片，再单击"OK"按钮。软件跳转到"Manage Run-Time Environment"窗口，此时直接单击"OK"按钮即可，如图 7-30 所示。

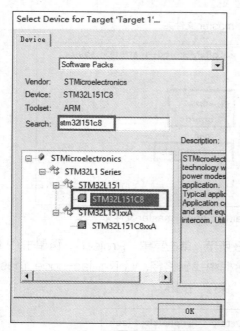

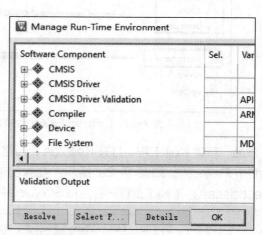

图 7-30　选择设备和 Manage Run-Time Environment 窗口

单击工程名，将其命名为 LoRaMac，如图 7-31 所示。

建立目标工程和分组。如图 7-32 所示，单击"Manage Project Items"按钮，在"Groups："栏下单击新建图标"　"，并依次输入 apps、boards\hardware、boards\hardware\cmsis、boards\hardware\STM32L1xx_HAL_Driver、boards\mcu、mac、peripherals、radio、system、system\crypto。这些组名与路径名相对应，在这里组名就是路径名。

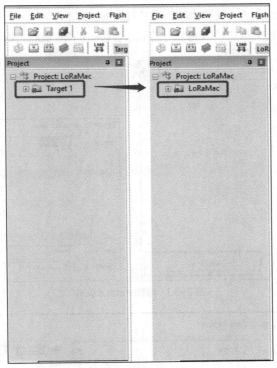

图 7-31　工程名修改

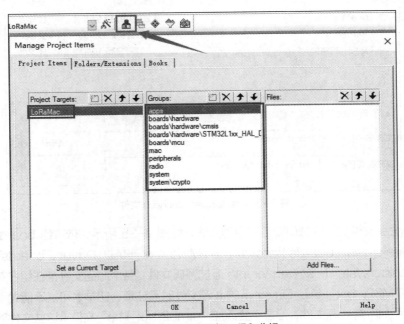

图 7-32　建立目标工程和分组

　　如图 7-33 所示，单击"apps"，再单击按钮"Add Files"，在弹出的对话框中浏览到路径：...\LoRaMac-node-master\source\apps\LoRaMac\classA，文件类型选择"C Source file(*.c)"，单击"main.c"，并单击按钮"Add"。如图 7-34 所示，浏览到路径：...\LoRaMac-node-master\

source\apps\ LoRaMac\classA，文件类型选择"Text file（*.txt;*.h;*.inc）"，单击"user_define.h"，并单击按钮"Add"按钮，最后单击"Close"按钮。这就完成了将 apps 文件夹下的源码添加到工程中。

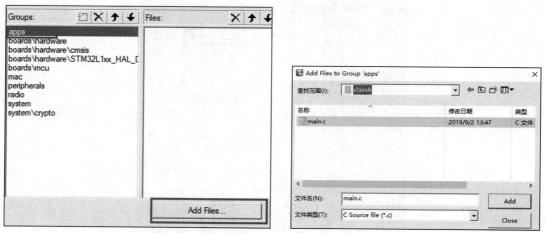

图 7-33　添加 main.c 文件

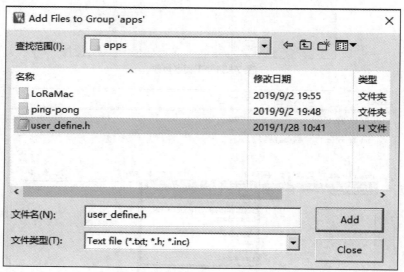

图 7-34　添加 user_define.h 文件

　　按照添加 apps 文件夹下的源码到工程中的方法，如图 7-35 所示，依次给 boards\hardware、boards\hardware\cmsis、boards\hardware\STM32L1xx_HAL_Driver、boards\mcu、mac、peripherals、radio、system、system\crypto 添加源码文件，各个源码文件都在组名对应的目录或子目录下。添加 STM32L1xx_HAL_Driver 下的.c 源文件时需注意，初学者可能不清楚这里面的文件的关联关系，建议添加所有.c 源文件，但是不要添加"stm32l1xx_ll*.c"文件（这些文件暂且不会用到），这里的"*"代表任意长度的字符。不要将"stm32l1xx_hal_timebase_tim_template.c"添加进来，因为该文件内的函数 HAL_TIM_PeriodElapsedCallback( )已经在 tim-board.c 有定义，如果添加进来将导致函数重复定义。此外"stm32l1xx_hal_msp_template.c"也不需要添加进来（目前暂时不会用到）。

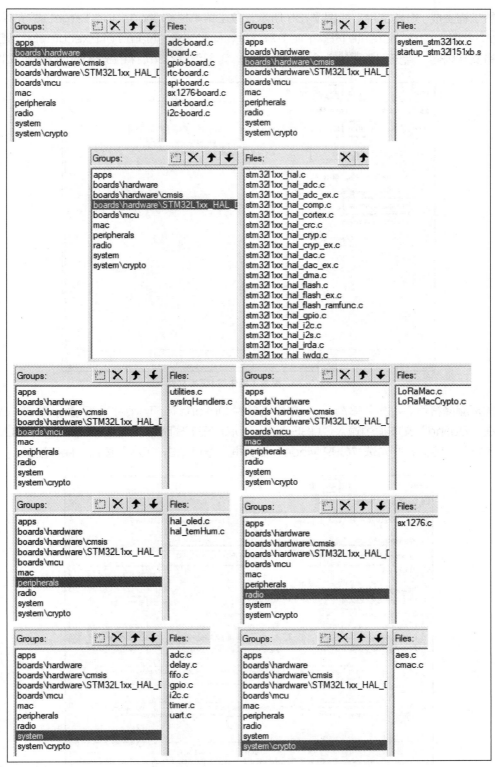

图 7-35　添加源文件

配置工程生成 HEX 文件。如图 7-36 所示，单击菜单栏 Options for Target 图标 ⚒，单击"Output"标签，勾选"Create HEX File"复选框，同时注意"Name of Executable"侧文本框内是否有文字内容，若无则需要输入合适的文件名，工程编译结束后将生成相应的 HEX 文件。

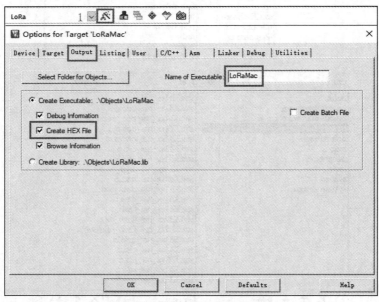

图 7-36 配置工程生成 HEX 文件

添加预编译符号。如图 7-37 所示，单击菜单栏 Options for Target 图标 ⚒，单击"C/C++"标签，在"Define"文本框中输入"USE_HAL_DRIVER STM32L151xB USE_DEBUGGER USE_BAND_433"，并勾选"C99 Mode"复选框，最后单击"OK"按钮，保存配置。

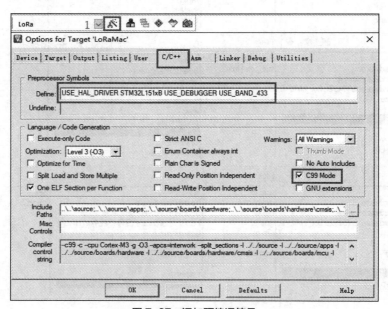

图 7-37 添加预编译符号

　　添加编译包含路径。如图 7-38 所示，单击菜单栏 Options for Target 图标 ⚒，单击"C/C++"标签，再单击"Include Paths"文本框右侧的按钮▯，随后弹出"Folder Setup"对话框。单击新建图标▢，对话框内将弹出新的输入框，单击输入框右侧的按钮…，找到 apps 文件夹所在的路径，单击"apps"，再单击"选择文件夹"按钮，此时单击"Folder Setup"对话框内的空白处，输入框内的路径将变成相对路径，效果如图 7-39 所示。单击"Folder Setup"对话框中的"OK"按钮，保存路径配置，最后单击"Options for Target"对话框的"OK"按钮，保存配置选项。这就完成了 apps 文件夹的添加过程，编译器编译的时候将会从 apps 文件夹内检索头文件。

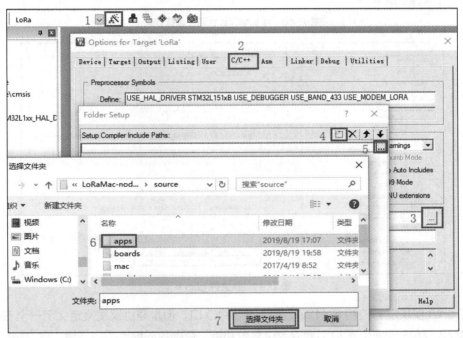

图 7-38　添加编译包含路径

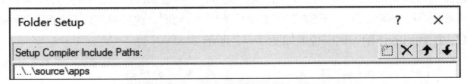

图 7-39　添加编译包含路径完成效果

　　根据图 7-40 所示内容依次添加余下的编译包含路径。建议每次添加 3 条编译包含路径后保存配置，并关闭工程。重新打开工程再添加余下的编译包含路径，每次添加的路径不要超过 5 条，添加完所有编译包含路径后关闭 Keil 工程，并重新打开工程。这样做的目的是预防 Keil 出现因添加的编译包含路径过多而崩溃的 bug，导致工程配置数据丢失。

　　打开路径...\LoRaMac-node-master\source\system 下的 gpio.h，如图 7-41 所示。可以看到该文件中有代码语句"#include "pinName-ioe.h""，将该代码语句删除。pinName-ioe.h 是原协议栈扩展 GPIO 用的驱动源码的头文件，这里没有使用到，故删除该代码语句，否则将导致编译时报错。

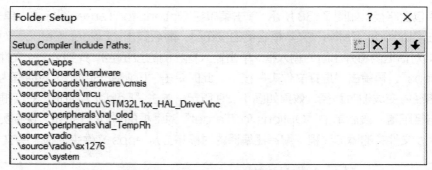

图 7-40　添加编译包含路径最终效果

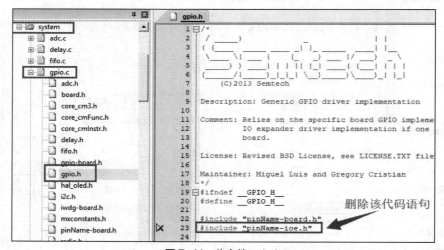

图 7-41　头文件 gpio.h

　　由于 LoRa 模块没有控制 SX1278 复位的 GPIO 口，但是原协议栈又定义了一个 GPIO 口去控制 SX1278 复位的功能，所以需要修改该复位功能，否则代码编译时将报错。在 user_define.h 中添加宏定义"#define USE_SX1276_RESET false"，并在 sx1276.c 中的函数 SX1276Reset() 前后添加 "#if(USE_SX1276_RESET!=false)" 和 "#endif"，这样就可以起到既保留源码，又不编译该函数内的代码的作用，代码位置如图 7-42 所示。

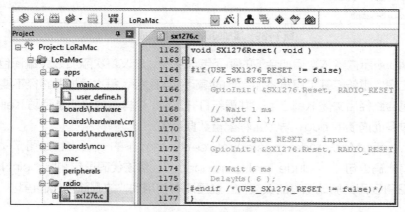

图 7-42　代码位置

在 user_define.h 中添加宏定义"#define NEWLAND_ACCELERATE_DEBUG true"，LoRaMac.c 中的函数 SetNextChannel()的代码如下所示，将代码按照图 7-43 所示的框中选中部分进行修改，这样就可以加速协议栈上行数据的发送时间，做到零延时传输，方便用户开发调试。

```c
static bool SetNextChannel( TimerTime_t* time )
{
    …//此处省略无关代码
    if( nbEnabledChannels > 0 )
    {
        Channel = enabledChannels[randr( 0, nbEnabledChannels - 1 )];
#if defined( USE_BAND_915 ) || defined( USE_BAND_915_HYBRID )
        if( Channel < ( LORA_MAX_NB_CHANNELS - 8 ) )
        {
            DisableChannelInMask( Channel, ChannelsMaskRemaining );
        }
#endif
        *time = 0;
        return true;
    }
    else
    {
        if( delayTx > 0 )
        {
            // Delay transmission due to AggregatedTimeOff or to a band time off
            *time = nextTxDelay;
            return true;
        }
        // Datarate not supported by any channel
        *time = 0;
        return false;
    }
}
```

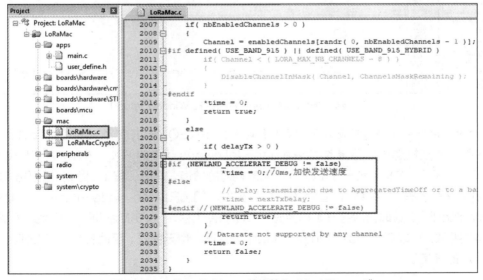

图 7-43　文件 LoRaMac.c 的函数 SetNextChannel()

在 user_define.h 中添加宏定义"#define NEWLAND_USE_RX_TX_RF_SET true"，LoRaMac.c 中的函数 RxWindowSetup()的代码如下所示，将代码按照如图 7-44 所示的红框选中部分进行修改，这样就统一了 LoRa 无线数据接收/发送时的调制解调参数。因为 LoRa 模块接收/发送无线数据共用一根天线，无法同时进行发送和接收无线数据，统一调制解调参数是为了使网关和节点能够在同一个信道上进行无线数据的接收/发送。

```c
static bool RxWindowSetup( uint32_t freq, int8_t datarate, uint32_t bandwidth, uint16_t timeout, bool rxContinuous )
{
        …//此处省略无关代码
#if defined( USE_BAND_433 ) || defined( USE_BAND_780 ) || defined( USE_BAND_868 )

        if( datarate == DR_7 )
        {
            modem = MODEM_FSK;
            Radio.SetRxConfig( modem, 50e3, downlinkDatarate * 1e3, 0, 83.333e3, 5, timeout, false, 0, true, 0, 0, false, rxContinuous );
        }
        else
        {
            modem = MODEM_LORA;
            Radio.SetRxConfig( modem, bandwidth, downlinkDatarate, 1, 0, 8, timeout, false, 0, false, 0, 0, true, rxContinuous );
        }
        …//此处省略无关代码
}
```

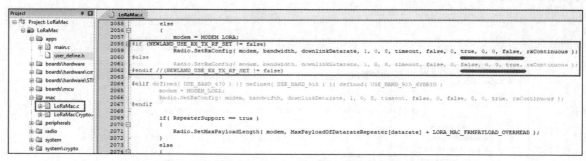

图 7-44　文件 LoRaMac.c 的函数 RxWindowSetup()

在 user_define.h 中添加宏定义"#define RF_FREQUENCY 433532108// Hz"，按照图 7-45 所示的红框选中部分修改 LoRaMac-definitions.h 中的 RX_WND_2_CHANNEL、LC1、LC2、LC3，这样就统一了 LoRa 调制解调时的信道，同时保留了旧版的代码用作参照。

关闭工程源码，并将工程源码文件夹由"LoRaMac-node-master"重命名为"LoRaMacNode"。这时再次打开工程源码，重新编译工程，LoRaMacNode Class A 编译结果如图 7-46 所示，可以看到 Build Output 窗口中无错误，也无警告。至此就完成了 LoRaWAN 节点 Class A 的移植了。

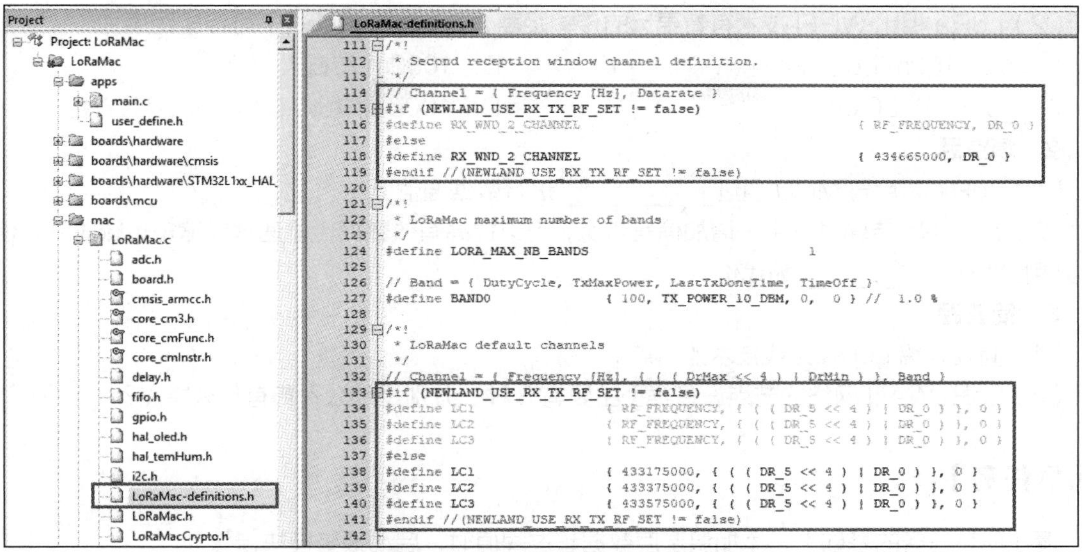

图 7-45　文件 LoRaMac-definitions.h

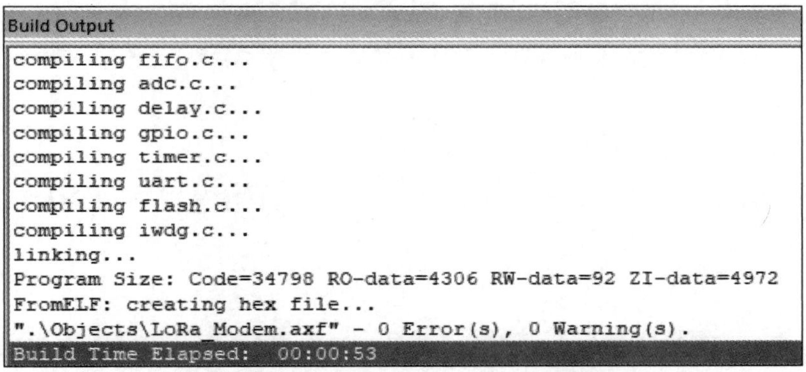

图 7-46　LoRaMacNode Class A 编译结果

Class B 和 Class C 在 Class A 工程的基础上，删除和添加对应的文件，这里就不详细讲解了。

【项目小结】

本项目重点在于对 LoRa 通信协议的理解和掌握，通过矿井安防检测项目，使读者掌握采集传感数据，并通过 LoRa 无线通信进行数据收发的方法，从而对 LoRa 通信协议进行理解和掌握，更进一步地学习基于 LoRaWAN 网络协议栈的应用开发。

【知识巩固】

1. 单选题

（1）LoRa 是一种基于（　　）技术的远距离无线传输技术。

　　A. 扩容　　　　　B. 扩频　　　　　C. 变频　　　　　D. 变容

（2）LoRa 相比 Wi-Fi 技术有着更远的传输距离，在典型郊区情况下可传输距离为（　　　）。

  A．100m 以内   B．1000m 左右

  C．10~20km   D．100km 以上

2．填空题

（1）LoRa 芯片与 MCU 通过_____进行数据通信。

（2）在 LoRa 传输过程中，增加信号带宽，可以提高有效数据传输速率以缩短传输时间，但这需以牺牲部分_____为代价。

3．简答题

（1）简要介绍 LoRa 无线技术的特点。

（2）LoRaWAN 网络的节点设备类型主要有 3 种，分别是什么？各有什么特点？

【拓展任务】

请在现有任务的基础上，添加温湿度数据超过阈值时，启动报警模块告警。